JN126103

廃棄物処理法 許可不要制度

複雑怪奇な許可不要制度を紐解く

長岡文明

TAC出版

はじめに

　廃棄物の処理に当たっては、廃棄物処理法において許可制度が採用されている。「許可」とは「禁止行為の解除である」といわれており、通常は禁止されている行為について、「あなただけ特別にやっていいよ」という例外的な制度である。通常であれば禁止されている行為なので、当然、それを許可される人物は一定の知識や施設が求められることになる。ところが、その許可制度を採用しているにもかかわらず、「許可不要」と規定している例外の例外が存在する。

　廃棄物処理法がスタートした昭和46年の時点では次の系統図のとおり、極めてシンプルなものであった。

廃棄物処理法スタート時の業許可不要系統図

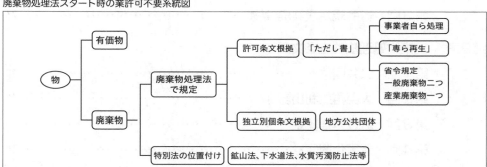

　私が初めて廃棄物処理法の「許可不要制度」に興味を持ったのは、各種リサイクル法が誕生しつつあった20世紀末頃であった。以降、今日まで各種リサイクル法をはじめ大臣認定制度、省令規定等増加の一途を辿り、今や表紙にあるような複雑怪奇に入り組み、一朝一夕には理解困難な状態になってしまった。理解困難な状態ではあるものの、無許可は廃棄物処理法では不法投棄と並んで、一番刑罰が重い違反であり、「許可が要らない」と思っての行為が、本当は許可が必要であったとなると、最高刑懲役5年となる。

　したがって、廃棄物処理に携わる処理業者はもとより、委託を行う排出事業者、許可や許可取消しを行う行政担当者、処理計画を策定する人も本来は「許可不要制度」は必須の知識なのである。極めてマニアックであり、退屈な部分もあるとは思われるが、仮想質問者のリサさんが読者の皆さんに代わり疑問を投げかけてくれているものと思っている。

　「許可不要制度」については、今までもいくつかの本にも書いてきたが、今回、少なくとも現時点においては網羅的に取り上げられたのではないかと思っている。出版に当たりご尽力いただいた株式会社オフィスTM三宅氏、菱沼氏をはじめ関係者の方々に感謝申し上げる。

　令和5年12月吉日

長岡文明

目　次

序　章

廃棄物処理法許可不要制度
～全体像～

廃棄物処理法許可不要制度
～全体像～

みなさんこんにちは。今回の企画は、廃棄物処理法の「許可不要制度」。もっと正確に言えば「処理業許可不要制度」についてです。

　時折、「廃棄物処理法を勉強するには何から覚えたらいいですか？」と聞かれることがあります。

　私は、迷うことなく「まず『区分』、次に『業許可』、そして『排出者は誰か』の三つである」と答えています（**図表1**）。

　なぜ廃棄物処理法を覚えなければならないかといえば、ほとんどの人は「法に違反することなく適正に廃棄物を処理するため」でしょう。

　ちなみに、無許可と無許可業者委託は、不法投棄と並んで廃棄物処理法では最も重い、最高刑で懲役5年という罰則が規定されています。

　では、適正に委託する、受託するのに最低限必要な知識とは何でしょうか。それは「この廃棄物は何なのか？」でしょう。それが「区分」です。

　業者に委託しようにも、その業者がどのような廃棄物を扱える業者なのかが分からなければ、頼みようがありません。受け手側も自分はどの廃棄物なら扱えるのかが分からなければ受けようがありません。だから、まず「区分」なのです。

　次に、「業許可」です。

　これは前述のとおり、廃棄物の委託をする場合の相手方、すなわち受託側となりますが、「適正な受託者はどのような者なのか」が分か

図表1　廃棄物処理法マスターのための三つの基礎知識

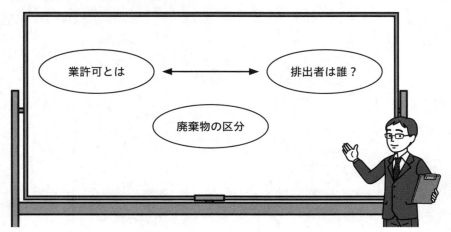

らなくては、適正な委託はできません。

　そして、「排出者は誰か」です。廃棄物処理法では「排出者責任」をとても重く捉えています。そもそも、廃棄物を排出しなければ不法投棄や無許可は起きません。ですから、廃棄物を排出する人の責任はとても重いのです。もし、排出者が適正な処理ができないのであれば、適正処理できる人物に委託しなければならないのです。

　ところが、廃棄物処理法の条文では、排出者を明確には規定しておらず、そのため時折「排出者は誰か？」が大きな課題となるのです。

　この本は、基本的な「区分、許可、排出者」について一応マスターしたレベルの方を対象にしています（この基礎知識を勉強したいという方は、拙著『土日で入門　廃棄物処理法』、『どうなってるの？　廃棄物処理法』等を参照ください）。

　さて、この基礎知識の一つである「許可」とは、どのようなものなのでしょうか？

　法学上は、「許可」とは、「禁止行為の解除」といわれ、一般の人がやることを一律に禁止しておいて、一定の条件・要件にあった人にだ

け、「やってもいいよ」という制度のようです。

　例えば、食べ物を作ることは誰でもできるが、商売として多くの人に提供するときは食中毒等の危険があることから、一定の知識・技能・施設がある人にのみ「許可」を与え、それ以外の人は、その商売をしてはいけない、としています（食品衛生法）。

　廃棄物処理業もこれと同じで、本来廃棄物を運んだり、処理したりは誰でもできるが、扱う物が廃棄物という、ややもすると不衛生になりがちな物であり、ぞんざいに扱われる物であることから、商売として廃棄物を扱う場合は、一定の知識・技能・施設がある人にのみ「許可」を与え、それ以外の人は、その商売をしてはいけない、としているのです。

　廃棄物処理法では廃棄物は一般廃棄物と産業廃棄物に分かれ、さらにそれぞれに特別管理があることから４分類となります。

　処理業の許可は、さらに収集運搬と中間処理や最終処分といった「処分」がありますが、特別管理一般廃棄物については処理業の許可は想定していないことから、処理業の許可は全部で６分類となります（**図表2**）。

図表2　廃棄物処理法における処理業の許可

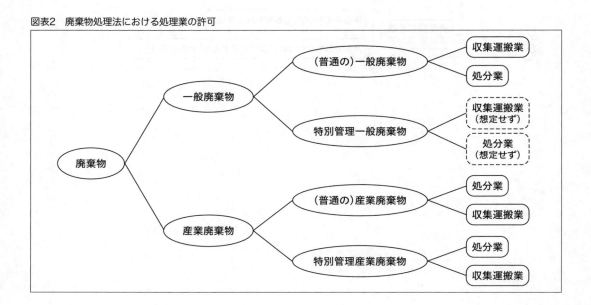

他者の廃棄物を処理する場合は、原則的には これらの許可が必要となりますが、例外的に許 可が不要となる制度が存在しています。

　この本は、この廃棄物処理法の「処理業許可 不要制度」について考えてみた本です。

　それを体系的にまとめてみたのが**図表3**です が、枝葉の部分は大きすぎて1枚に収まりきら ず省略している箇所もあります。

　先に述べたとおり、そもそも「許可」とは「禁 止行為の解除」であることから、「申請すれば 誰にでも出す」というものではなく、一定の条 件が整っている人物にのみ行うものです。

　そのような「許可」制度を採用しているにも かかわらず、「許可不要」とするにはそれなり の理由・状況があってのこととなります。

　時折、「許可を取るのは大変だから、許可の 要らない方法はないですかねぇ」と聞く人がい ますが、許可不要制度の中には、正攻法で許可 を取得するよりはるかに難しかったり、不要と なる条件が相当狭められているものも多いの は、このような理由によるものと考えられま す。

　それでは、ここからは某企業の廃棄物管理部 門に配属されて3年目、廃棄物処理法を鋭意勉 強中のリサさんとBUN先生の対話で順次勉強 していきましょう。

図表3　現在の廃棄物処理業許可不要制度

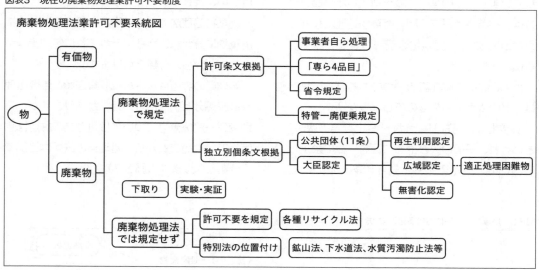

現状の確認

POINT
- 現在、廃棄物処理法の処理業許可が不要となる制度は数多く存在している。
- 廃棄物処理法の中では許可条文、個別の条文でいくつか規定している。
- 廃棄物処理法以外の法令、例えば家電リサイクル法などの各種リサイクル法でも規定している。

リサ：今回は「許可不要者制度と各種リサイクル法」というテーマですが、どこから話を進めたらいいのでしょうか？

BUN：このテーマはとても範囲が広くなり全体像が見えにくくなりますから、とりあえず、現在の廃棄物処理法の「許可不要制度」の全体図（**図表3**）をご覧いただきましょうか。

リサ：確かに相当の範囲になるんですねぇ。じゃ、とりあえず、簡潔に説明してください。

BUN：まず、この法律は「廃棄物処理法」というくらいですから、廃棄物は規制の対象になりますが、有価物は対象にはなりません[※1]。よって、まずは、「物は有価物か廃棄物か」というの

が最初のフィルターでしょう。

リサ：有価物ならいくら取り扱っても廃棄物処理法の許可は不要ですよってことですね。次のフィルターは？

BUN：物が廃棄物である、となったら、次は廃棄物処理法で「許可不要」と規定している制度と廃棄物処理法以外の法令等で「廃棄物処理法の許可は不要」と規定している制度に分かれます。

リサ：では、まず廃棄物処理法で規定している不要制度を説明してください。

BUN：これもさらに二つに分かれまして、一つは「許可が必要ですよ」と規定している条文、具体的には一般廃棄物なら第7条、産業廃棄物であれば第14条による制度と、それ以外の条文で個別に規定している制度に分かれます。個別独自の条文としては大臣の認定制度などがあります。

リサ：詳細は後に回すことにして、もう一つの大枝の「廃棄物処理法以外の法令等」で規定している制度には何があるんですか？

BUN：こちらは家電リサイクル法などの各種リサイクル法や、具体的な条文としては登場しないのですが「特別法の位置付けにある場合」などがあります。

※1　肥料として利用されるし尿（法第17条）や有害使用済機器（法第17条の2）等、有価物を対象とした規定もいくつか存在します。

第1章

廃棄物処理法許可条文ただし書編

廃棄物処理法許可条文ただし書編
第1回 「自ら処理」「専ら再生」

許可条文に規定する許可不要制度

リサ：では、ここからいよいよ、個別にその制度を見ていくわけですね。まずは許可条文に登場する制度からでしょうか。先生、お願いします。

BUN：はい、それでは、その条文を確認してみましょう。

　最初に登場する第7条第1項の一般廃棄物収集運搬業の条文で紹介しますが、一般廃棄物処分業、（普通の）産業廃棄物収集運搬業、処分業、特別管理産業廃棄物収集運搬業、処分業も「ほぼ」同じ内容で登場します。

廃棄物処理法

（一般廃棄物処理業）

第7条　一般廃棄物の収集又は運搬を業として行おうとする者は、当該業を行おうとする区域（運搬のみを業として行う場合にあっては、一般廃棄物の積卸しを行う区域に限る。）を管轄する市町村長の許可を受けなければならない。ただし、事業者（自らその一般廃棄物を運搬する場合に限る。）、専ら再生利用の目的となる一般廃棄物のみの収集又は運搬を業として行う者その他環境省令で

定める者については、この限りでない。

リサ：なるほど。「ただし書」に、

①事業者（自らその一般廃棄物を処理する場合に限る。）

②専ら再生利用の目的となる廃棄物のみを業として行う者

③その他環境省令で定める者

については、「この限りでない」と書いてますね。

　具体的な事項に入る前にお聞きしておきたいのですが、そもそも、なぜ、このような「ただし書」が必要だったのでしょうか？

BUN：この「ただし書」は、昭和45（1970）年の廃棄物処理法スタート時点からあるものです。実は、このことは今回のテーマである、いろいろな「許可不要制度」がなぜ必要なのか、各種リサイクル法がなぜ必要なのかにもつながることだと思います。

リサ：というと？

BUN：世の中に規制は必要だけれど、一律に規制しておくだけではかえって不都合が出てくる。制度にはそのときの社会に順応する「例外」も必要だってことだと思います。

「ただし書」その1
事業者

POINT

「ただし書」①事業者自ら処理
●排出事業者と判断されれば許可不要。排出事業者は建設系廃棄物以外は条文では規定していない。
●建設系廃棄物については現在「元請が事業者」と規定。したがって、建設系廃棄物は元請は許可不要

リサ：なるほど。制度の例外ですか。許可という規制の例外が「許可不要」ですからね。では、話を戻しまして先ほどの①からお願いします。

BUN：この「ただし書」は、昭和45年の廃棄物処理法スタート時点から変更はないのですが、その内容はそれぞれ大きく変化してきています。

　まず①事業者（自らその一般廃棄物を運搬する場合に限る。）ですが、「自社処理」「自ら処理」は許可不要ということです。

リサ：それは分かります。自分のごみを自分で運べないんじゃどうしようもないですからね。

BUN：ただ、これもなかなか難しい要因もあるようなんです。というのは、廃棄物は「有害」であったり、「汚物」であったりと取り扱うのに難しい要因を潜在的に持っている。だから、誰でもやっていいというわけではない。だからこそ「許可」制度を取っている。そうなれば、排出者が自分であったとしても、それを自分が扱っていいとは限らない……。だから、条文上は原則的には「自分の廃棄物であっても許可が必要」と規定していて、その上で「ただし書」で除外している、とも読めるわけです。

　ただ、ほかの法令でも通常「業許可」の対象とする「業」とは、「対象が不特定多数」「反復継続」「営利目的」の3要素※1がそろった場合としているのがほとんどのようです。「排出者が自分」というのは対象者が極めて限定的ですから、このような規定を作らなくても「当然に許可の対象外」としてもよかったのかもしれません。

リサ：では、廃棄物処理法ではなぜこのような規定を作ったんでしょうか？

BUN：それは産業廃棄物の処理責任を「排出事業者」としたことにもよると思われます。つまり、産業廃棄物は事業を行っている者が排出者となり、それは営利を目的として行っている行為から排出され、そしてそれは反復継続して排出され続けます。そのような廃棄物まで許可不要として扱ってよいのか、という議論があったのかもしれません。

リサ：それで入念的に「事業者（自らその一般廃棄物を処理する場合に限る。）」と規定したわけですか。

BUN：実はこの箇所、一般廃棄物の条文でも「事業者」と書いてある。どうして一般廃棄物の排出者である「国民」も含めての「者」としていないのか疑問だったんですよ。

リサ：なるほど。で、そのことが、どう変遷したのですか？

BUN：①の部分は「排出事業者であれば許可不要」となる。だから、「排出事業者」の範囲、概念が変われば許可不要になる人物が替わってしまいます。

リサ：あっ、そういわれれば気が付きました。建設系廃棄物ですね。

BUN：よく気が付きましたね。建設工事に伴って発生する廃棄物は誰が排出者なのか？もともとの所有者である発注者なのか？　元請

※1　公衆衛生を目的とする法規では、「対象が特定少数」「非営利目的」であっても、「反復継続」だけをもって業許可の対象としているものもあります。

として工事を仕切った人物か？　実際に解体工事を行った下請なのか？　って要因です。

リサ：建設系廃棄物に関しては現在は第21条の3第1項により元請が排出事業者として位置付けられ、したがって元請は許可不要、という規定でしたね。

BUN：建設系廃棄物について経緯をまとめると、

▶昭和45（1970）年〜昭和57（1982）年
明確な条項、通知はなし

▶昭和57（1982）年
「建設廃棄物の処理の手引」発出により元請は排出事業者として許可不要

▶平成6（1994）年
フジコー裁判を受けて区分一括下請の時は下請も許可不要

▶平成23（2011）年
法律第21条の3第1項により元請は許可不要。第3項により一定条件の下では下請も許可不要となります。廃棄物処理法では排出事業者を条文で定義しているのはこの建設系廃棄物しかないんです。そのため、「事業者」の概念が変化すれば、この①の規定により「許可不要」となる可能性は継続しているってこともいえるわけです。

「ただし書」その2 専ら再生利用

POINT

「ただし書」②専ら再生利用理

●昭和46年の廃棄物処理法施行当時、「古紙、くず鉄（古銅等を含む）、あきびん類、古繊維」の4品目は、再生を目的とした場合は、収集運搬も処分行為も許可不要として通知された。

●法律条文では、4品目に限定されておらず、幾度か裁判の争点にもなったが、通知の変更もなく「古紙、くず鉄（古銅等を含む）、あきびん類、古繊維」の4品目であれば許可不要として運用してきている。

リサ：ただし書②の「専ら再生利用の目的となる廃棄物のみを業として行う者」はどうでしょうか？

BUN：この箇所の運用については、廃棄物処理法スタート直後に次の通知が発出されました。

廃棄物の処理及び清掃に関する法律の施行について
（昭和46年10月16日環整第43号各都道府県知事・各政令市市長あて厚生省環境衛生局長通知）
改正：昭和49年3月25日環整第36号

第三　産業廃棄物に関する事項
2　産業廃棄物の処理業者であつても、もつぱら再生利用の目的となる産業廃棄物、すなわち、古紙、くず鉄（古銅等を含む）、あきびん類、古繊維を専門に取り扱つている既存の回収業者等は許可の対象とならないものであること。

リサ：あれ？　先生。この通知は「産業廃棄物」って書いていて、「一般廃棄物」については

触れていませんが、一般廃棄物も同じように考えていいんでしょうか？

BUN：よく気が付きましたね。私もだいぶ調べてみたのですが、当初から公式な通知としては「産業廃棄物」についてだけのようでした。これは一般廃棄物については、現在は「自治事務」、当時でも「固有事務」として市町村の権限が大きく、産業廃棄物ほどには国も見解を示しにくかったものと思われます。

ただ、（一財）日本環境衛生センターから「廃棄物処理法の解説」という本が出版されていて、この本は平成11（1999）年までは厚生省の担当課が直接編集していたのですが、この昭和47（1972）年の初版（昭和60年の5版2刷で確認）には、第7条の一般廃棄物処理業の許可の解説として、全く同じ事が記載されています。

客観的、科学的に考えても「古紙、くず鉄、あきびん類、古繊維」は一般廃棄物であろうと産業廃棄物であろうと再生利用の処理ルートは大きな相違はないことから、現在でも全国のほとんどの市町村では同様に運用しているものと思われます。

リサ：じゃ、この制度については、ここでおしまい？

BUN：そうともいえません。というのは、この通知にはいくつかの不確定要素が散りばめられているんです。

リサ：というと？

BUN：「専ら再生」とはリサイクル率何％以上をいうのか？　とか、「専門に取り扱っている」とは専業でないとだめなのか？　違う品目で処理業の許可を取っている人物は該当しないのか？　とか、「既存の回収業者」とは、この通知が発出されたのが昭和46（1971）年だから、それ以降は許可が必要になるのか？　とかです。

リサ：ほー、それぞれに面白そうですね。解説してください。

BUN：まず、法律では、「専ら再生利用の目的となる」としか規定されていないのに、なぜ「古紙、くず鉄（古銅等を含む）、あきびん類、古繊維」の4品目に限定されるのか？　です。

リサ：そういわれればそのとおりですね。どうしてなのでしょう。

BUN：はい、このことはこの運用直後からいろいろともめたようで、記録に残っている事例では次のものがありました。

廃タイヤをボイラーの熱源として使う。いわゆるサーマルリサイクルです。これは「専ら再生利用の目的」として行っている行為であり、許可不要だろうと。

リサ：なるほど。で、どうなったんですか？

BUN：この事案は昭和56（1981）年に最高裁まで争ったんですよ。そのときの判決文の趣旨が次のようなものだったんです。

「その物の性質及び技術水準等に照らし再生利用されるのが通常である産業廃棄物をいう。一般に再生利用されることが少なく、通常、専門の廃棄物処理業者に対し有料で処理の委託がなされるような物は、専ら再生利用には当たらない」と。

リサ：広く世間に「この物体はリサイクルできるものだ」と認識されていれば、誰が扱っても、利益になる再生ルートに流れるはずだから、不法投棄はしないでしょってことかぁ。

BUN：逆に、再生利用できる人物が極めて限られていて、世間が再生利用できるってことを知らないようなら、それは不法投棄される可能性が高くなってしまうということなんでしょうね。

リサ：なるほど。でも、そうなら広い世間が

「この物体はリサイクルできるものだ」と認識すれば、専ら再生で許可が不要となる廃棄物も、変化するってことですよね。

BUN：理屈ではそうなりますね。実はさっきの廃タイヤボイラー裁判から四半世紀経って、木くずの再生についても裁判が行われました。

リサ：木くずも現在は、相当の割合でリサイクルされていますし、そのことを知っている人たちも多くなりましたからね。どうなりました？

BUN：この裁判もなかなか面白くて、地裁では無許可で木くずの再生をやっていた業者は無罪となりました。

リサ：ほぉー、司法判断としては、専ら再生品目は4種類とは限らない、となったわけですね。

BUN：ところが、同じ事案で排出者側の有罪が確定していたものですから、有罪となった排出事業者側は「それじゃ、俺たちも無罪じゃないか」と高裁に再審請求したんですね。その結果は有罪で変わらず、だったんです。まぁ、裁判はその他の要因もあってのことだけど。

リサ：えぇー、同じ事案なのに、地裁と高裁で、受け手の処理業者側と出し手の排出事業者側で結論が違ったわけですか。どう判断したらいいんでしょう。

BUN：「残念ながら」というべきかどうかですが、この裁判は最高裁まではいかず、ここで終了。でも、令和の時点でも現実は「専ら再生」による許可不要は4品目に限定されているのが実態です。

リサ：「実態です」って、裁判でも割れているのに、そんなことなぜいえるんですか？

BUN：次に示す通知が環境省から発出されています。

いわゆる「許可事務通知」と呼ばれているもので、法令改正等ある度に何回か出し直しされている通知ですが、この通知の「第1 産業廃棄物処理業及び特別管理産業廃棄物処理業の許可について」の15番目に次のとおり記載して

あるんです。

産業廃棄物処理業及び特別管理産業廃棄物処理業並びに産業廃棄物処理施設の許可事務等の取扱いについて（通知）

（令和2年3月30日環循規発第2003301号環境省環境再生・資源循環局廃棄物規制課長通知）

15　その他

(1)　産業廃棄物の処理業者であっても、もっぱら再生利用の目的となる産業廃棄物、すなわち、古紙、くず鉄（古銅等を含む。）、あきびん類、古繊維を専門に取り扱っている既存の回収業者等は許可の対象とならないものであること。

リサ：この文章は半世紀前の昭和46年のと全く同じじゃないですか。

BUN：そんなわけで、今のところ、というか、廃棄物処理法施行以降50年間、「専ら再生」ということで「許可不要」として扱われてきているのが、「古紙、くず鉄（古銅等を含む）、あきびん類、古繊維」の4品目ってことですね。

実は、国（制度設計者）も「専ら再生」について、この4品目以上には拡大させる意図はないと思われる傍証があるんです。

リサ：「傍証」なんて、持って回った言い方ですね。気になります。どんなことでしょう？

BUN：一つは平成3（1991）年の大改正で登場した特別管理産業廃棄物処理業の条文です。

（特別管理産業廃棄物処理業）

第14条の4　特別管理産業廃棄物の収集又は運搬を業として行おうとする者は、当該業を行おうとする区域（運搬のみを業として行う場合にあつては、特別管理産業廃棄物の積卸しを行う区域に限る。）を管轄する都道府県知事の許可を受けなければならな

い。ただし、**事業者（自らその特別管理産業廃棄物を運搬する場合に限る。）**その他環境省令で定める者については、この限りでない。

リサ：「ただし書」には「事業者」と「環境省令で定める者」はありますが、「専ら再生」はないですね。

BUN：私は次のように推測しています。この改正は平成3年ですから、廃棄物処理法施行から四半世紀が過ぎていて、既に「専ら再生」は前述の4品目とする運用が定着してきていました。専ら再生4品目である「古紙、くず鉄、あきびん類、古繊維」は特管物ではありません。そこで、制度設計者（立法の起案者）は「専ら再生4品目は特管物に該当する物体はない」という認識で、条文から外したのではないかと思うのです。

リサ：なるほど。平成3年の時点で国は、専ら再生として許可不要はこれ以上必要ないと考えていたってことですか？　ほかの「傍証」は？

BUN：各種リサイクル法の成立です。

リサ：といいますと？

BUN：平成12（2000）年以降、容器包装リサイクル法や家電リサイクル法といった各種リサイクル法が登場してきます。後ほど紹介しますが、各種リサイクル法の中で、「こういった要件に合致するのであれば、廃棄物処理法の許可は不要」という制度を作ってきています。その中で再生（リサイクル）認定制度もいくつかあるのですが、もし、ただし書の「専ら再生」を活用するのであれば、こういった各種リサイクル法の許可不要制度は必要ないと思いませんか。

リサ：そういわれればそうですよね。各種リサイクル法で認定を取れるようなリサイクルであれば、「専ら再生」しているでしょうから、許可不要としてもいいように思います。

BUN：わざわざリサイクル法を作って、そのリサイクル法の中で許可不要の認定制度を作っておいて、一方では特段認定を取らなくとも「専ら再生だから許可は要らないよ」としていたのでは、誰も面倒な認定申請などしないでしょう。

リサ：つまり、各種リサイクル法で許可不要制度を創設しているということは、すなわち、制度設計者としては、「専ら再生4品目」以外に「専ら再生」を理由とする許可不要者を追加する考えはないってことですか。

BUN：この「傍証」は、あくまでもBUNさん個人の推測ではありますけどね。

リサ：「専ら再生」について「4品目以上拡大するつもりはないだろう」ということ以外で、まだいっておきたい点はありますか？

BUN：令和5（2023）年に環境省は「専ら再生」について、再度通知を出しているんです。この通知が出されたのは「明確化」のためとのことでした。ということは、「専ら再生」という運用は「不明確」な要因がいくつかある、ということです。既に述べたことと重複する点もありますが、まず法律条文にある要因から見ていきましょう。

（産業廃棄物処理業）

第14条　産業廃棄物（中略）の収集又は運搬を業として行おうとする者は、当該業を行おうとする区域（中略）を管轄する都道府県知事の許可を受けなければならない。ただし、**事業者（自らその産業廃棄物を運搬する場合に限る。）、専ら再生利用の目的となる産業廃棄物のみの収集又は運搬を業として行う者**その他環境省令で定める者については、この限りでない。

まず、「専ら再生」の「専ら」とはどの程度

か？　具体的にはリサイクル何％以上を「専ら再生」と定義することが妥当なのか？　リサさんは何％くらいが妥当だと思う？

リサ：ん～、感覚としては「専ら」っていうのは「大多数」、「ほとんど」ってイメージだから9割以上かな。

BUN：専ら再生4品目の中に「古紙」があり、昔からの分かりやすい例としては古新聞を原料としてトイレットペーパーにリサイクルする、これなんか典型的な例だよね。

　でも、このトイレットペーパーだと現在は大分進歩したと思うけど、製造過程、特に「脱墨」と呼ばれるインクや汚れを除く工程で結構汚泥が発生するので、重量で計算するとリサイクル率は5～6割程度なんだ。

　一方、がれき類（コンクリート殻）のリサイクル率は今や98％を超えているんじゃないかなぁ。

リサ：それは、比較するのはちょっと不公平な感じがするなぁ。だって、がれき類のリサイクルって、砕いて再生砕石にするのが多いんでしょ。多少の夾雑物（きょうざつぶつ）があるとしても100tのがれき類があれば98tくらいにはなりそうだもの。

BUN：そうだね。家電リサイクル法の対象にしている冷蔵庫なんかでも、まだリサイクル率は6割程度だったと思うし。このように一律に「再生率」を規定すること自体、難しい。

リサ：次は？

「のみ」の解釈

BUN：条文では「産業廃棄物のみの収集又は運搬」っていってますよね。この「のみ」の解釈がまたまた人によって違ってしまう。

リサ：この通知が発出された本来の趣旨はこの「のみ」の解釈、運用が自治体により異なっていることだったみたいですよね。

BUN：リサさんは、この「専ら再生利用の目的となる産業廃棄物のみの収集又は運搬を業として行う者」をどう解釈しますか？

リサ：これまでの話や運用を知らずに、日本語として読めば「それだけを扱っている人物」ってことかなぁ。例えば「リサイクルする古紙だけを扱っている人物は」となるし、さらに「産業廃棄物」といっているんだから「リサイクルする産業廃棄物である古紙だけを扱っている人物は」となるかなぁ。

BUN：そう読むのが日本語としては一般的だとBUNさんも思います。しかし、ここで廃棄物処理法を知っていると疑問、不思議に感じる点がいくつか出てしまう。

リサ：例えば？

BUN：「産業廃棄物である古紙」だけではなく「一般廃棄物である古紙」も扱っていたら該当にならないのか？

　「廃プラスチック類については正規の許可を取って商売している人物が古紙をリサイクルするために扱うときは許可は必要になるのか」といったことだね。

リサ：なるほど。何の知識、資格もない人物でさえ「許可不要」としているのに、ほかの品目の許可を取っていて一定の知識や資材を持っている人がやると「無許可」を問われるというのは変な感じがするわね。

BUN：法律の専門家の人たちも「法の公平性」からいっても、「扱えて当然」というスタンスが大勢のようですね。令和5年の通知でも、こういった人たちでも「専ら再生4品目」は許可なしに扱える、ということを確認している。

リサ：次は？

通知の文言「既存の」

BUN：続いて4品目に言及している昭和46年の施行通知、同じ表現である令和2（2020）年の「許可事務通知」を再確認してみよう。

> ……すなわち、古紙、くず鉄（古銅等を含む。）、あきびん類、古繊維を専門に取り扱っている既存の回収業者等は許可の対象とならない……

とある。ここで登場する「既存の」だね。

リサ：昭和46年の通知では「昭和46年以前」、令和2年の通知では「令和2年以前」ってことになるのかな。

BUN：おそらく、この「既存の」という裏に隠された趣旨としては、昭和45年の廃棄物処理法スタート時点の既得権者である「廃品回収業」ということであったと思うんです。しかしながら、法律としては「既得権を保護します」なんてことはどこにも規定していない。

　よって、この「既存の」という文言は、「のみ」と同様に、今となっては公平性の観点から「意味を成さない」としていいと思います。

リサ：次は？

通知の文言「回収業者等は」

BUN：同じく通知に登場する「回収業者等は」の「等」とは「回収業者」以外にどんな人物がいるのか。

リサ：どうなんですか？

BUN：さっきも見てもらったとおり、この通知の初出が昭和46年。実は、平成4（1992）年までは「廃棄物処理業許可」は「収集運搬業」も「処分業」も一緒だったんだ。あわせて「処理業」だったんだね。

　これもBUNさんの推測なんだけど、昭和46年の時点ではまさに「集める人」だけは「許可不要」で、実際に大きな工場で「再生する人」「処分する人」まで「許可不要」とは想定していなかったのではないかと思う。だからこそ「回収業者」という表現であり「再生業者」とは表現していない。

でも、昭和46年の廃棄物処理法スタート時点から約四半世紀が経った平成4年まで「専ら再生4品目は許可不要」と運用してきて、法律自体が「収集運搬」と「処分」に分離したからといって今更「処分行為は許可の対象です」とはできなかった。まさに既得権を尊重したってところじゃないでしょうか。法律の文言（第7条第6項、第14条第6項）も、処分業でも収集運搬業と同じく「ただし書」を規定したので、現在でも「回収業者等は」の解釈として「収集運搬業、処分業」（正確には「収集運搬を業として営む者、処分を業として営む者」。「業者」という表現は廃棄物処理法では「許可を有している者」と定義しているので）としていいと思います。

その他老婆心

リサ：ふぅ〜、いろいろあるのねぇ。これじゃ、半世紀にわたりすったもんだが起きるっていうのも理解できるわ。そのほか、お伝えしておくことある？

BUN：令和5年の通知が出たとき、これを取り上げた業界紙があった。この記事の内容が「誤解」しているとして、環境省はすぐにホームページで訂正箇所を指摘した。

　今回の通知に限らず「専ら再生」で誤解している人たちも多いので、いくつか老婆心ながら注意しておきたい点があります。

⑴通知の対象となっている「専ら再生4品目」はあくまでも「廃棄物」です。前述の業界紙でも「有価物である専ら再生対象の物は……」的な表現がありましたが、そもそも「有価物」であるなら、最初から許可は不要。廃棄物処理法の対象外なわけです。

　「……専ら再生利用の目的となる産業廃棄物のみの……」と、「産業廃棄物」と明記していますよね。法律の条文、通知の対象物は「廃棄物」であり、有価物である「物」はいくら同じ

「リサイクル工程」を行っていたとしても、この条文、通知の対象ではありません。

リサ：まぁ、分かりやすくいえば「処理料金を徴収していても許可が不要」となるのが「専ら再生」なんですね。

BUN：まぁ、本来有価物か廃棄物かは総合判断説によるもので「売り買い」だけで決まるものではないけど、分かりやすい表現としてはそのとおりだね。

(2)廃棄物ですから「許可は不要」でも、その他の規定は適用になります。

リサ：例えば？

BUN：産業廃棄物である「専ら再生4品目」なら、委託契約書は適用になるね。ただし、マニフェスト（産業廃棄物管理票）については、省令第8条の19第3号の規定により不要です。「専ら再生」。要因が盛りだくさんだったので、最後に復習を兼ねて確認。

①法律条文では「専ら再生」だが、現実には「許可事務通知」で示している「4品目」

②そもそも有価物は条文、通知ともに対象外。廃棄物が対象

③過去には最高裁まで争った事例もある。

④「専ら再生」といっても「再生率」などは具体的に示していない。

⑤条文、通知に登場する「のみ」「既存の」は今は意味はないといっていい。

⑥「専ら再生4品目」は、あくまで「通知」なので、自治体の判断となる。

⑦しかし、現実には各種リサイクル法の規定等もあり、おそらく「4品目」を超越する運用は難しい（のではないかと推測）

⑧令和5年発出通知は昭和46年から連綿と続く趣旨の確認

リサ：「許可不要制度」は一歩間違うと「無許可」。廃棄物処理法では最も重い罰則の「最高刑懲役5年」の違反に直結するだけに早とちりせず、慎重に検討していく必要がありますね。

第1章

廃棄物処理法許可条文ただし書編
第2回　省令規定一般廃棄物

「ただし書」その3
環境省令で定める者

POINT

「ただし書」その③環境省令で定める者
●一般廃棄物収集運搬業の許可を要しない者

一　市町村委託

二　市町村長再生利用指定
　　（現省令では3号は削除のまま）

四　放置自動車

五　国

六　一般廃棄物の輸出を行う者

七　家電リサイクル法関連（中継地から工場までの運搬）

八　産廃許可業者で廃タイヤを運搬するとき

九　スプリングマットレス等適正処理困難物の販売者

十　引っ越し廃棄物

十一　狂牛病関連

十二　東日本大震災関連

十三　災害特措法関連

十四　災害その他

リサ：ようやく、ただし書③の省令で定める者ですね。先は長いのでとっとと進めましょう。

BUN：（教わっていながら失礼なやつだなぁ）まず、最初にお伝えしておきますが、この省令規定者は一般廃棄物収集運搬業、一般廃棄物処分業、産業廃棄物収集運搬業、産業廃棄物処分業、特管産廃収集運搬業、特管産廃処分業の許可ごとに違っています。

リサ：とりあえず現時点では何人（いくつの事項）が規定されているんですか？

BUN：一般廃棄物収集運搬業13人、一般廃棄物処分業9人、産業廃棄物収集運搬業13人、産業廃棄物処分業9人、特管産廃収集運搬業6人、特管産廃処分業4人だね（図表1）。

リサ：すごい数ですね。

図表1　許可条文ただし書の環境省令で定める者

	一般廃棄物収集運搬	13種類
	一般廃棄物処分	9種類
	産業廃棄物収集運搬	13種類
省令規定	産業廃棄物処分	9種類
	特別管理産業廃棄物収集運搬	6種類
	特別管理産業廃棄物処分	4種類

BUN：昭和45年のスタート時点では一般廃棄物処理業2人、産業廃棄物処理業1人だったから、まさに「いつ、そんなに増やしたの？」って感じだよね。ちなみに、平成3（1991）年の大改正までは処理業の許可は「収集運搬」と「処分」は分けていなかったし、「特別管理」という制度・区分もなかったからね。

じゃ、年代を追って見ていこうか。

昭和45年一般廃棄物処理業許可不要省令規定人物
一 市町村の委託を受けて一般廃棄物の収集又は運搬を業として行う者
二 し尿浄化槽清掃業者がし尿浄化槽の汚泥の処理を行う場合

リサ：第1号は現在にもそのままある規定ですね。

BUN：そうだね。趣旨としては、まぁ、一般廃棄物処理業の許可を出す市町村が委託する人物なんだから、わざわざ許可は取らせなくてもいいでしょってとこでしょうか。

リサ：第2号のし尿浄化槽汚泥の許可不要は現在はありませんね。これは昭和60（1985）年に浄化槽法として分離独立したからですか？

BUN：いやいや、それより数年前の昭和53（1978）年の改正時点で、この第2号は削除されました。当時の施行通知を見ると「一般家庭にもし尿浄化槽が普及してきて、一般廃棄物処理計画と整合を図る必要性から許可が必要」とされていました。つまり、許可不要から外したって経緯のようですね。

リサ：はぁ～では、この昭和53年の時点では許可不要者は1人ってなったんですか？

BUN：いえ、前年の昭和52（1977）年に改正が行われていて、第3号一般廃棄物の「運搬のみを行う場合」、第4号「国」が追加されているんです。

リサ：「国」は現在でも第5号に規定されていますが、この第3号「運搬のみを行う場合」って現在はありませんよね。これは何なんですか？

BUN：産業廃棄物収集運搬業で説明しましょう。例えば栃木県で産業廃棄物を積み込んで、福島県を通過して、山形県で降ろすというパターンのときに、積み込む栃木県と降ろす山形県で許可は必要だけど、単に通過するだけの福島県の許可は不要です、と運用していますよね。これが当初は単に通過するだけの福島県でも許可は必要としていた。しかし、規制緩和の考えから、単に通過するだけの県の許可は不要とすることにした。

一般廃棄物の場合は市町村ごとだからA市で積み込んでB村を通過し、C町で降ろすってパターンのときは、通過するだけのB村の許可は不要とする運用だね。その「許可不要」をこのように省令で規定したんだ。この規定は平成3年の大改正で、収集運搬業許可の規定自体にこの趣旨を取り込むことによって削除された。

あと、昭和53年の改正では現在の第2号となっている「市町村再生利用指定制度」が登場しているね。

リサ：それはどんな制度ですか？

BUN：これは、一般廃棄物で再生利用が確実だとして市町村が指定する制度だよ。ただ、市町村はエリアが狭いからなかなか一つの市町村だけでは再生利用は完結できない。そんなこともあって制度はあるけどなかなか活用されていない制度だね。

　次はいよいよ、平成3年の大改正を迎えるよ。

リサ：すみません。もう頭の中がぐちゃぐちゃです。とりあえず、この時点での省令で規定する一般廃棄物収集運搬業の許可不要を整理してくれませんか。

BUN：しょうがないなぁ。でも、ここから数年後にもっとややこしくなるから平成4年頃の規定で紹介しておこう（簡略表現です）。

一　市町村委託
二　市町村長再生利用指定
三　厚生大臣広域収集運搬指定（非営利）
四　国

この四つだね。

リサ：第3号の大臣指定って何ですか？

BUN：これは現在第4号として残っている制度で、放置自動車対策なんだ。現在は自動車リサイクル法が施行されて、あまり放置自動車という現象が見られなくなったけど、一時期は中古自動車の路上駐車なのか、それとも不法投棄された自動車なのかも分からない状態で、港や農道、山林に自動車が乗り捨てられていた。それでは業界としてもみっともないということで、自動車団体がボランティア的に片付けてくれるって制度なんだ。善意で片付けてくれるときに「無許可だから運んじゃダメだ」といってたんじゃことは進まないので、許可不要制度を作ったんだよ。平成3年の告示で自動車団体を

指定している。

リサ：もう飽きてきましたけど、次は何でしょう？

BUN：じゃ一気に平成10（1998）年の規定を紹介しよう。

平成10年頃の一般廃棄物収集運搬業の許可を要しない者

一　市町村委託
二　市町村長再生利用指定
三　厚生大臣広域的再生利用指定
四　厚生大臣広域収集運搬指定
五　法第6条の3第1項の規定による厚生大臣の指定
六　国
七　一般廃棄物の輸出行う者

リサ：あっという間に三つも増えて、しかも、似たような事項ばっかり。

BUN：第4号は前述の放置自動車で、第3号の「厚生大臣広域的再生利用指定」は、現在の「環境大臣再生利用認定」へ、第5号は現在の「環境大臣広域認定」と発展する制度だね。詳細はそのとき説明しようか。

　第7号は廃棄物の輸出のケース。

リサ：廃棄物の輸出入については、輸入は環境大臣の「許可」、輸出は「確認」を受けなければならないという規定でしたね。

BUN：そのとおり。大臣の確認により担保されるから、わざわざ許可は不要ですってことだね。

　これ以降、大臣の再生利用認定、広域認定制度に移行されて第3号、第5号は削除されたんだけど、現時点では第3号は「削除」のままで第6号以下は繰り上げた。

　そして、現在、追加され続け第14号まであるんだよ。

リサ：まだまだ続くのかぁ。

BUN：リサさんも限界だろうから以降は現在の条文の紹介と制度の説明でいこうか。

現第7号家電リサイクル法関連。第7号は家電リサイクル法がらみなので、家電リサイクル法を紹介するときに見ることにしよう。ただ、家電リサイクル法にからむ許可不要制度を「廃棄物処理法の省令でも規定している」ってことだけ、頭の片隅に残しててね。

さて、次の第8号。第8号、産業廃棄物処理業許可業者が行う再生利用の目的となる廃タイヤの運搬。これは廃タイヤについては、産業廃棄物の許可を持っていれば、一般廃棄物である廃タイヤは扱ってもいいという規定です。

リサ：どうして廃タイヤだけ特別扱いなんですか。

BUN：その疑問には次の第9号とともに解説することにしよう。

第9号、家電リサイクル法4品目、スプリングマットレス、自動車用タイヤ又は自動車用鉛蓄電池の販売を業として行う者であって、当該業を行う区域において、その物品又はその物品と同種のものが一般廃棄物となったものを適正に収集又は運搬するもの。

リサ：え〜、これ何？　家電とスプリングマットレス、タイヤ、鉛蓄電池だけが特別扱いなんですか？　この4品目だけは販売店は処理料金を徴収して収集運搬してもいいってことですよね？　いわゆる「下取り」とは違うんでしょ？

BUN：鋭いね。「下取り」については、後（102ページ）で取り上げるので、詳細はそのときに話すけど、「無料であること」「新しい商品を買うときに」等のいくつかの条件がある。この家電とスプリングマットレス、タイヤ、鉛蓄電池の4品目には、そういった条件もないわけだから、まさに処理料金を徴収してもいいよってことだね。

リサ：家電は家電リサイクル法って特出しの法

律があるから特別扱いがあっても納得できるけど、残りの3品目はどうしてなんですか？

BUN：実は、これは現在では文言が消えてしまっているけど、「適正処理困難物」という制度からきているんだ。

リサ：「適正処理困難物」？　何？　それ。特管物じゃないですよね。

BUN：これこそまさに一般廃棄物特有の制度上の課題がある。この制度は今も残っているんだよ。法律の第6条の3とそれを受けて出されている大臣告示を見てごらん。

廃棄物処理法

（事業者の協力）

第6条の3　環境大臣は、市町村における一般廃棄物の処理の状況を調査し、一般廃棄物のうちから、現に市町村がその処理を行つているものであつて、市町村の一般廃棄物の処理に関する設備及び技術に照らしその適正な処理が全国各地で困難となつていると認められるものを指定することができる。

廃棄物の処理及び清掃に関する法律第六条の三第一項の規定に基づく一般廃棄物の指定
（平成6年3月14日厚生省告示第51号）

廃棄物の処理及び清掃に関する法律（昭和45年法律第137号）第6条の3第1項の規定に基づき、市町村の一般廃棄物の処理に関する設備及び技術に照らしその適正な処理が全国各地で困難となっているものとして次の一般廃棄物を指定し、平成7年3月1日より適用する。

一　廃ゴムタイヤ（自動車用のものに限る。）

二　廃テレビ受像機（25型以上の大きさのものに限る。）

三　廃電気冷蔵庫（250リットル以上の内容積を有するものに限る。）

四　廃スプリングマットレス

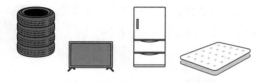

当時、大臣（当時は厚生大臣）が指定した物品、それがこの4品目につながるってわけ。それ以降、紆余曲折あって既に平成15（2003）年からは家電リサイクル法がスタートして、

> 二　廃テレビ受像機（25型以上の大きさのものに限る。）
> 三　廃電気冷蔵庫（250リットル以上の内容積を有するものに限る。）

の2品目に関しては、この規定は今や「役目を終えた」って感じがするし、一方では鉛蓄電池がその間に追加されたりしてきている。

リサ： でもさぁ。この省令規定が法律第6条の3につながる、すなわち「適正処理困難物」だって証拠はあるんですか？　条文を見ただけじゃ分からないじゃないですか。

BUN： 廃棄物処理法を担当する者らしく「疑り深く」なってきたなぁ。ある意味いいことかもしれないけど、人としてはどんどん嫌なヤツになっていくなぁ。それじゃ、平成10年の「処分」の省令条文を省略しないで見てみようか。

廃棄物処理法施行規則　　　　＊平成10年時点

（一般廃棄物処分業の許可を要しない者）
第2条の3
　　五　法第6条の3第1項の規定による指定に係る一般廃棄物を適正に処分することが確実であるとして厚生大臣の指定を受けた者（当該一般廃棄物のみの処分を営利を目的とせず業として行う場合（併せてこれに類する一般廃棄物の処分を営利を目的とせず業として行う場合を含む。）に限る。）

リサ： ほんとだ。「法第6条の3第1項の規定による指定」って書いてるから適正処理困難物を対象としていたんですね。BUN先生のホラじゃなかったのね。

BUN： まぁ、この省令許可不要制度については、拡大生産者責任の概念の変化とともに、各種リサイクル法、大臣再生認定、大臣広域認定の制定を受けて平成10年頃から18年頃の間に目まぐるしく改正されたんだよ。正直言って前述の告示なんかは、改正されてもいいと思うんだけど、そこまで手が回らないって状態かも知れないね。

　ということで、廃タイヤについては産業廃棄物である廃タイヤの許可を持っている人物は一般廃棄物である廃タイヤも扱える。

　スプリングマットレス、タイヤ、鉛蓄電池、家電リサイクル法対象物の廃家電の4品目については、それ（その新品、中古品）を販売している人物は、「一般廃棄物である」これらの物についても収集運搬ができるってことだね。

リサ： でも、どうして、こんな特例を作っているんですか？

BUN： それが「適正処理困難物」の趣旨だね。つまり、産業廃棄物であれば本来排出事業者に処理責任があり、受け皿としては都道府県単位の許可である産業廃棄物収集運搬業の許可でやれる。

　ところが、一般廃棄物の場合は基本的には市町村に処理責任がある。「そんなこといっても処理できないよ」と市町村がいうなら「じゃ、市町村で処理が困難なんだから民間にやらせろ。許可を出せ」となる。しかし、民間がやろうとするときは市町村ごとの許可が必要。「全国から回収します」といったときに、産業廃棄物であれば1都1道2府43県の許可を取ればいいけど、一般廃棄物であれば市町村の数1,700の許可が必要となる。

　こういう事情から、「全国の市町村では処理

が困難」→「民間による処理」→「1,700も
の許可取得」→「事実上不可能」→「許可不要
制度の必要性」となるわけさ。

別の言い方をすれば、「産業廃棄物なら正攻
法である許可とれるでしょ」ってことかな。

この考え方はいずれ大臣再生認定、広域認定
につながる。すなわち、無条件に「許可不要」
と規定するのは、さすがに心配。だから、メー
カーが中心になって全国回収ルートを確立する
ような事業なら許可不要と認めてあげましょ
う、というのが現在のスタンスといってもいい
かもしれないね。

なお、この点については、「大臣再生利用認
定」のときにもう一度説明しよう。

リサ: めんどくさいけど、制度にはそれなりの
理由と歴史があるものなんですね。次は？

BUN: 第10号「引っ越し廃棄物」。貨物自動
車運送事業法による許可を受けた者等が、営利
を目的とせず、一般廃棄物である「引っ越し廃
棄物（転居廃棄物）」のみを収集運搬するときは
許可要らないよ、ってところかな。

リサ: 引っ越し業者は引っ越しのときは、その
とき出てくるごみはクリーンセンターに運んで
もいいよって規定ですね。

BUN: 厳密にいうと、クリーンセンター直行

ではないようなんだね。ちょっと微妙な要因も
あるので、条文を紹介しておこう。

イ　転居する者から転居廃棄物の収集又は運
　搬について次に掲げる事項を記載した文書
　の交付を受け、かつ、当該文書に記載した
　事項に基づき、転居廃棄物を所定の場所ま
　で運搬し、当該所定の場所において市町村
　又は一般廃棄物収集運搬業者に引き渡すこ
　と。
　⑴　略
　⑵　引越荷物運送業者が管理する所定の場
　　所の所在地
　⑶　当該所定の場所において当該転居廃棄
　　物を引き渡す市町村の名称又は一般廃棄
　　物収集運搬業者の氏名（以下略）

リサ: ふぅ～ん。「引越荷物運送業者が管理する
所定の場所」なんですね。この場所で市町村か
正規の一般廃棄物収集運搬業者に引き渡すって
ことね。

BUN: この改正前から、「引っ越しのときは
住む場所もなくなるんだから、引っ越し屋さん
にごみも一緒に運んでいってほしい」という要
望はあったと思うけど、あまり表には出てこな
かった。ところが、某超一流運送会社が、客の
依頼を断りきれずに、ついつい無許可で「転居
廃棄物」を運んで問題になった。もちろん、そ
の運送会社はそれなりのお仕置きは受けたけ
ど、世論としても「ある程度はやむを得ないこ
とじゃないの」ってなって、この規定ができた
んだよ。

リサ: 私も何回か引っ越ししましたが忙しいで
すよね。それに、引っ越しは今まで「使えるか
なぁ」と思って取っておいた「ガラクタ」を一
気にごみに出しちゃうから大量に出るし。引っ
越し屋さんにごみを一緒に運んでもらえるのは

ありがたいことですよね。

BUN：でも、当然、本来であれば許可が必要な行為なんだから、どんなときでも、誰でもやっていいってもんじゃない。だから、許可業者に求められる処理基準や欠格要件は、そっくりかかってくる。加えて、ここでも前と同じ特徴があるね。

リサ：一般廃棄物だけの規定ってことですね。

BUN：まぁ、事務所、事業所、工場等の引っ越しは、住居がなくなるわけじゃないから、ある程度の期間を取って計画的にやれるでしょってことなのかな。

次に第11号として狂牛病関係があるけど、これは産業廃棄物の省令で紹介しましょう。

次に、平成24（2012）年に第12号として東日本大震災による災害廃棄物、第13号として災害特措法による災害廃棄物が追加されました。

災害廃棄物は事業活動を伴わず発生すること

から一般廃棄物となってしまいます。

しかし、災害廃棄物は通常の一般廃棄物とは比較にならない膨大な量が一度期に発生し、また、その質も異なります。それを「許可業者じゃないと扱ってダメ」とはいっていられない事態になります。それで許可不要と規定したものです。

そして、これが最後になるけど、令和2年に第14号として「災害その他」が追加されました。ただ、これについては「特管一廃便乗規定」も絡んできますので、後ほど（32ページ左段）改めて説明することにしましょう。

リサ：それにしても、今回もめんどくさかったですね。

BUN：今回は廃棄物処理法の中でも、一般廃棄物と産業廃棄物の理念上、制度上の違いが具体的に出てくる、まぁ、マニアックな話だったね。

廃棄物処理法許可条文ただし書編
第3回　省令規定産業廃棄物

省令規定　産業廃棄物編

リサ：前回は「許可不要者制度と各種リサイクル法」の全体図、そして廃棄物処理法で規定している制度のうちで、許可条文ただし書から、「事業者自ら」と「専ら再生」、さらに「一般廃棄物収集運搬の省令規定」まで進みました。今回はどこから話を進めますか？

BUN：一般廃棄物処分業の省令規定者は収集運搬と全く同じですから、ここは飛ばして、今日は産業廃棄物収集運搬業の省令規定者から見ていきましょう（**図表1**再掲）。

リサ：先生、産業廃棄物も一般廃棄物と大差ないんじゃないですか？

BUN：項目としては一般廃棄物と偶然にも同数の13なんですけど、内容は相当違うんですよ。とりあえず、現在の産業廃棄物収集運搬業省令規定許可不要者を見ておきましょう。

図表1（再掲）　許可条文ただし書の環境省令で定める者

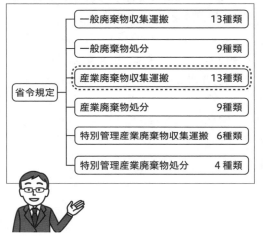

	一般廃棄物収集運搬	13種類
省令規定	一般廃棄物処分	9種類
	産業廃棄物収集運搬	13種類
	産業廃棄物処分	9種類
	特別管理産業廃棄物収集運搬	6種類
	特別管理産業廃棄物処分	4種類

（普通の）産業廃棄物編

POINT

●産業廃棄物処理業の許可条文「ただし書」による省令規定の許可不要者は現在13人
一般廃棄物とは違った趣旨のものとして
・海洋汚染防止法廃油処理許可業者
・広域臨海環境整備センター法（フェニックス）
・日本下水道事業団
・行政代執行委託業者
がある。

廃棄物処理法施行規則　　BUNさん改変、簡略表記

（産業廃棄物収集運搬業の許可を要しない者）

第9条　法第14条第1項ただし書の規定による環境省令で定める者は、次のとおりとする。

一　海洋汚染防止法廃油処理許可業者

二　都道府県知事再生利用指定

三　削除

四　放置自動車

五　国

六　広域臨海環境整備センター法（フェニックス）

七　日本下水道事業団

八　産業廃棄物の輸入に係る運搬を行う者

九　産業廃棄物の輸出に係る運搬を行う者

十　BSE（狂牛病）関連：食料品製造業において原料として使用した動物に係る固形状の不要物（事業活動に伴つて生じたものであつて、牛の脊せき柱に限る。）のみの収集又は運搬を業として行う者

十一　BSE（狂牛病）関連：と畜場においてとさつし、又は解体した獣畜及び食鳥処理場において食鳥処理をした食鳥に係る固形状の不要物

十二　BSE（狂牛病）関連：動物の死体（事業活動に伴つて生じたものであつて、畜産農業に係る牛の死体に限る。第10条の3第8号において同じ。）のみの収集又は運搬を業として行う者

十三　行政代執行委託業者

十四　災害時等大臣・首長の指定する者

一般法と特別法

リサ： ほんとだ。一般廃棄物とは内容がだいぶ違いますね。廃棄物処理法がスタートした昭和46（1971）年の時点ではどうだったんですか？

BUN： 現在でも第1号に残っている海洋汚染

防止法廃油処理許可業者だけでした。

リサ： ちょっと疑問なんですが、法律には一般法と特別法という考え方があって、特別法が適用されるケースでは一般法は適用されない、と聞いたことがあります。この「海洋汚染及び海上災害の防止に関する法律」も廃棄物処理法に対する特別法で、この「海洋汚染防止法」の許可等を受けている人は廃棄物処理法で改めて許可は要らないって考えていいってことなんでしょうか？

BUN： おっ、勉強してるね。「特別法優先の原則」だね。実は廃棄物処理法がスタートしたときの昭和46年の施行通知にも次の一文がある。

廃棄物の処理及び清掃に関する法律の運用に伴う留意事項について

（昭和46年10月25日環整第45号厚生雀環境衛生局環境整備課長通知）から抜粋

　廃棄物処理法は、固形状及び液状の全廃棄物（放射能を有する物を除く。）についての一般法となるので、特別法の立場にある法律（たとえば、鉱山保安法、下水道法、水質汚濁防止法）により規制される廃棄物にあっては、廃棄物処理法によらず、特別法の規定によって措置されるものであること。

　この例示にある鉱山保安法、下水道法、水質汚濁防止法のほかに家畜伝染病予防法などはそうですよね。だから、水質汚濁防止法で規制している公共河川水への放流水などには廃棄物処理法の規定は適用しない。なので、最初に紹介した許可不要系統図（6ページ）にも「特別法の位置付け」も入れてるよ。

リサ： 近年の豚熱（豚コレラ）や鳥インフルエンザのときに殺処分した家畜の死体をその場に埋却したり、焼却するときなども廃棄物処理法

の適用はしないってことも特別法の考え方によっているんですよね。

BUN：ただ、もし、「海洋汚染防止法」の廃油処理許可業者規定が廃棄物処理法の特別法の位置付けにあるとしたら、わざわざ廃棄物処理法の中で許可不要と規定するまでもない、ともなる。

　規定の仕方が一概には廃棄物処理法の特別法と読めないからこそ、わざわざ廃棄物処理法で規定したともいえるし、以前からの経緯もあり、いわゆる「入念規定」であるともいえるかな。

リサ：BUNさんでも経緯はよく分からないってことですか。しょうがないですね。じゃ、次にいきましょう。

BUN：（嫌なやつだなぁ。こっちだって、可能な限り調べてはいるんだぜ……）次は昭和52（1977）年に「運搬のみ（すなわち「通過」する自治体）」と「国」を許可不要に追加。さらに、昭和53（1978）年に「都道府県知事再生利用指定」を追加したようだね。

リサ：これは前回の一般廃棄物と同じ流れですね。ただ、一般廃棄物は市町村の許可に対して、産業廃棄物は都道府県の許可だから、その点は違うけど。

BUN：その点は大きいかも。実は規定としては一般廃棄物の文章と似ているけど、「都道府県知事再生利用指定」については「機関委任事務（当時。今は法定受託事務）」のせいか「一般廃棄物の市町村長再生利用指定」では示されていない「準則」が示されていたんですよ（昭和53年3月24日環産第9号、最終改正平成11年通知）。

　この「準則」というのは、「もし、条例等を地方自治体で制定するなら、こんなふうに作ったらいいんじゃないの」っていうモデル案のようなもの。この準則の中で、まず「無償で引き取る」、つまり「処理料金は取るな」的なことが書かれている。お金出して買ってきたら、これはもう「有価物」になり、そもそも廃棄物処理法の適用を受けないわけだから、この通知の趣旨からいえば、この「指定」を受ける「物体」は「0円」という物に限定される。さらに、排出者、収集運搬、受け皿となる処分業者の間、つまり「処理ルート」がそっくり指定されるんだ。

リサ：そこんとこ、もう少し説明してください。

BUN：そうだねぇ。現在も残っている規定だし、なぜこの制度があまり普及しないのかって説明にもなるので、ちょっと深掘りしてみましょうか。この知事指定には「個別指定」と「一般指定」というのがあるんだ。まず「個別指定」から説明しますね。

　「許可」のときはFさんが許可を取れば、排出者は誰でもいいわけです。GさんでもHさんでもいい。だから、新規のお客様を開拓できるし、飛び込みの客も扱える。ところが、「個別指定」制度は、収集運搬を行う者を限定するだけでなく、排出者、収集運搬者、受入者がセットで限定されてしまいます。

　例えば、「I、J、K社から出た廃プラスチックをL社が収集運搬を行い、M社のリサイクル施設に搬入する」というルート丸ごとで指定されるわけです。だから、排出者がI、J、K社のほかにN社も増えたとなると指定の取り直しをしなくちゃなんないわけです。

リサ：ふ～ん、なんかとってもめんどくさいって感じがしますね。こんなめんどうな手続をするんだったら、数万円の手数料払ってでも普通に許可を取ったほうがいいやってなりそうですね。で、もう一つの「一般指定」っていうのは？

BUN：「一般指定」といっても一般廃棄物を指定するわけじゃないよ。この「一般指定」というのは、知事が指定したとおりにやるんだったら、誰がやっても許可不要って制度なんです。

リサ：おっ、そいつぁ豪儀だねぇ。すばらしい制度じゃないですか。そんなすばらしい制度なのに、あんまり活用されていないような気がするんですけど、なぜですか？

BUN：そもそもなぜ許可制度を作っているか？ それは誰でもやれるって行為じゃないから、原則禁止しておいて、一定の要件に合致した人物にだけ、その行為をやらせているわけでしょ。それなのに、「誰でもやっていいよ」というんだったら許可制度を採用している意味がなくなるじゃないですか。

リサ：なるほど。許可権限者の都道府県としても、どんな人物がやっているんだろうか？ 大丈夫なんだろうか？ と不安になりますねぇ。

BUN：そうなんです。だから、この「知事の再生活用指定の一般指定」は日本全国でも数えるほどしかありません。北海道の家畜糞尿の堆肥化とか、数年前に東京都がやって物議を醸したペットボトルの再生とかがあるくらいだと思います。結局、個別指定にしても一般指定にしても、制度がスタートして40年も経つわけですが、ほとんど活用されていないのが実態でしょう。ただ、実は私はこの制度には今後期待をしているんです。

リサ：といいますと？

BUN：そもそもこの首長の再生利用指定制度（一般廃棄物については市町村長の指定）というのは条文上は、許可条文のただし書に「省令で規定する場合」としか規定しておらず、さらにその省令自体は「再生されることが確実であると首長が認めて指定した者」としかないんです。前述の「準則」があったものですから、世間ではほとんどの人がいろいろな制約があると思っていますが、この「準則」も今では廃止されて

います。世の中は地方分権の時代です。地方自治体で責任が持てるような「再生事業」であれば、もっと積極的に指定してもいいんじゃないかと思っているんです。

リサ：そうはいっても、地方自治体も「お役所」ですからねぇ。そんなリスクのある行為に積極的に取り組むところは、そうはないんじゃないですか。

BUN：まぁ、この制度はあくまでも自治体ごとの指定ですから、隣近所の自治体がやらなければエリアは狭い範囲に限定されますし、廃棄物処理法上は処理基準が適用にならない等の課題があるのも事実です。

リサ：東京都だけが指定しても、埼玉県や千葉県が指定していないと、そこから搬入される産業廃棄物は指定の対象外ですから、原則どおり許可取ってくださいってなっちゃうことですかぁ。なかなか、難しいですね。じゃ、次。

「特別法の位置付け」か「自ら処理」か………

BUN：まず、一般廃棄物と同じ経緯ですが、平成3（1991）年、放置自動車（非営利で広域に処理）を追加。平成4（1992）年、「運搬のみ」を削除し、現在の第6号の「広域臨海環境整備センター法（フェニックス）」、第7号「日本下水道事業団」を追加しました。

　これはほかの法令で産業廃棄物処理に携わる人や機材等が担保されているから、ということでしょうね。

リサ：フェニックスは関西地方の方はご存じだと思いますが、簡単に解説してください。

BUN：第6号のフェニックス事業は国策としてやっている事業です。燃やした後の灰を海に埋め立てる。すると、新たな土地が生まれることから、伝説の火の鳥に基づき「フェニックスセンター法」という別名があるんです。

　計画としては、東京湾や伊勢湾にもありますが、現在までに実現したのは大阪湾圏域の2府

4県の170市町村が参加する「大阪湾広域臨海環境整備センター」だけとなっています。

リサ：なるほど。一度滅んだものが蘇るから「不死鳥」、フェニックスですか。次の第7号はどのような経緯なんですか？

BUN：第7号の日本下水道事業団を追加するに当たって国は次のように施行通知に記載しています。

廃棄物の処理及び清掃に関する法律の一部改正について
（平成4年8月13日衛環第233号厚生省生活衛生局水道環境部環境整備課長通知）

第5　その他の留意事項

1　下水道管理者が自ら行う下水汚泥の処理に対しては、下水道法が適用されるものであり、法の適用対象としないこと。また、日本下水道事業団が、新たに産業廃棄物処理業の「許可を要しない者」に加えられたこと。

リサ：ほっほー、下水道管理者は先ほど検討した「特別法の位置付け」にあるから許可不要としているわけですね。でも、これは前回検討した「ただし書」の最初に規定している「自ら処理」でもいいような気もしますけどね。

BUN：その点も面白いですねぇ。世の中が進んできて、廃棄物処理の世界でも「PFI方式」などが見られるようになってきた平成の10年代中頃になって次の通知が出ているんですよ。

下水道法施行令の一部改正について（通知）　簡略表現
（平成16年3月31日環廃対発第040331002号・環廃産発第040331003号）

　下水道管理者が自ら行う下水汚泥の処理に係る廃棄物処理法の適用等については、平成4年8月13日付け衛環第233号第5の1により厚生省から通知されているところであるが、

なお下記事項に留意の上、その運用に遺漏なきを期されたい。

1　下水道管理者が自ら行う発生汚泥等の処理は、発生汚泥等の処理の基準によるが、通常、下水道管理者が行うことを想定していない発生汚泥等の保管及び積替えの行為については廃棄物処理法に基づく廃棄物処理基準が適用されること。

2　廃棄物処理法における不法投棄や不法焼却の行為を禁止する規定は、下水道管理者の行為についても適用対象となること。

3　下水道管理者が他人に委託して発生汚泥等の処理を行う場合には、廃棄物処理法が適用されること。

　改めて考えてみると、「特別法の位置付けにあるから許可不要」というなら、排出事業者に限定されるものじゃない。一方、「排出事業者自ら処理」の考えによるのなら、下水道管理者そのものだけが許可不要となり、この人物から処理を委託される人物は許可は必要となりますよね。

　そうだとすれば、平成4年の通知は下水道管理者の許可不要は「自ら処理」として位置付けて、日本下水道事業団などの下水道管理者以外で下水道に関わる人物こそ、特別法の位置付けだから許可不要、とする理論展開のほうがあっているような気がします。

　まぁ、入念的に日本全国多くの下水道の建設・整備・維持管理に携わっていた日本下水道事業団は許可不要と規定したのかもしれませんね。

リサ：今や民活が進んで、自治体が直営でやる事業が少なくなり、どの分野でも「業務委託」ですからねぇ。「どこまでが下水道の業務か？」という境界線のような課題があるんでしょうねぇ。これもなかなか難しいもんですねぇ。次は？

有害廃棄物の撤去作業 ………………………

BUN：平成5（1993）年、第8号「輸入廃棄物」と第9号「輸出廃棄物」を追加。

リサ：これは一般廃棄物と同じですね。

BUN：厳密にいうと、「廃棄物の輸入」は環境大臣の「許可」、輸出は「確認」、それに「輸入廃棄物は産業廃棄物とする」という規定があるので、一般廃棄物に関しては輸入の許可不要制度はなかったね。

リサ：そうでした。廃棄物の輸出入は国が直接コントロールしているから、許可は不要にしましょってことですね。次は？

BUN：平成6（1994）年に、「広域的再生」と「適正処理困難物」を追加。産業廃棄物については「適正処理困難物」という告示や概念はないんだけど、物体は同じものなので、一般廃棄物の規定に合わせて追加したってとこかな。

リサ：次は第10号から第12号までは一般廃棄物と同じく「BSE（狂牛病）」関連ですね。

BUN：動物の死体、部位は規定の仕方で一般廃棄物になったり、産業廃棄物になったりしましたね。

リサ：動物の死体で産業廃棄物になるのは畜産農業から出たときだけ。動植物性残さで産業廃棄物になるのは、食品・医薬品・香料製造業から出たときだけでしたね。

BUN：そのとおり。だから、BSEの原因となる「死体」や「部位」などもその排出場所、排出者によって一般廃棄物になったり産業廃棄物になったりする。そのため、第7条（一般廃棄物）でも第14条でも規定しているんだね。ただ、BSE関連に関しては、廃肉骨粉の大臣の再生利用認定等のいきさつもあり、省令規定は産業廃棄物は平成13（2001）年の改正で初見、平成15（2003）年改正で文言等整理し号数追加、一般廃棄物については平成16（2004）年の改正で追加したようだね。

リサ：次はえーと、第13号「行政代執行委託業者」ですか。これはいつ頃、どんな経緯で規定されたものですか？　一般廃棄物の条文ではなかった事項ですよね。

BUN：これは平成13年の改正で追加された事項です。不法投棄や不適正な大量保管等をやった人間に対して、知事や大臣が「早く片付けなさい」という、いわゆる「措置命令」をかける場合があるんだけど、その措置命令に従わない場合がある。そんなときには、知事や大臣は、やった人間に代わって「行政代執行」というものをやる。ただ、この代執行も現場の撤去作業を、知事や大臣が直接やるわけじゃないし、国や県の職員がやるわけでもない。

リサ：いわれてみればそうですよね。実際にやれるのは専門の知識や機材を持ってる専門の業者さんじゃないとできないですよね。

BUN：そうなんだ。特に当時「硫酸ピッチ」の不法投棄が世間を騒がせていた。現在、法律第16条の3で「指定有害廃棄物」として唯一指定されている廃棄物だね。

リサ：私、見たことないんですけど、どんなものですか？

BUN：軽油引取税を脱税するために、主に重油や灯油などから不正軽油を密造するんだけど、そのとき識別剤として入れられている「クマリン」を硫酸を使って抽出除去するんだ。結果として、不正軽油とともに硫酸とタールが混じった「硫酸ピッチ」が発生する。

　不正軽油を製造するような悪人が、処理に手間暇かかる「硫酸ピッチ」を合法的な適正処理をするはずがない。大抵はドラム缶に入れられて山奥の掘っ立て小屋に放置されたままになる。しかし、硫酸ピッチは強酸だからいずれはドラム缶を腐食させ、有害ガスを発する硫酸ピッチが辺り一面に流れ出して大変な事態となる、という不法投棄事案が頻発したんだ。

　ちなみに、「ドラム缶に入れて小屋に保管しておく」行為は、その時点では飛散も流出もし

ていないので保管基準違反にはならない。

しかし、将来的には確実に重大な不法投棄につながる。そこで、平成16年に「硫酸ピッチは保管しているだけでも原則法律違反」という条文を作ったんだね。これが第16条の3。

リサ：なぁるほど。そんな取扱いが難しい物を扱える業者はそうはいませんね。

BUN：そう。代執行をやろうとしても、その辺の既存の業者さんでは扱えない場合も多い。産廃の許可はその都道府県ごとの許可だから、その不法投棄が起きた県ではその専門業者さんは許可を取っていないことも往々にしてあり得る。そこで、こういった「許可不要制度」も必要ってことになって第16条の3と一緒に制定された条文なんだ。

ちなみに、一般廃棄物の代執行は市町村が委託することになるけど、こちらは20ページで紹介した「市町村委託」という規定がある。代執行もこの規定でやれるので別出しの規定は作っていないんだ。

新型コロナウイルスの影響も ………………
BUN：最後の第14号。令和2（2020）年5月1日公布、即日施行の条文。相当簡略化して紹介しておきましょう。

第9条
十四　災害その他やむを得ない事由により（中略）環境大臣又は都道府県知事が特に必要があると認める場合（中略）において、大臣又は知事が指定する者（中略）

リサ：前回の一般廃棄物の省令規定では後回しにした事項ですね。これは環境大臣又は首長、すなわち、産業廃棄物なら都道府県知事、一般廃棄物なら市町村長が指定した者は許可不要、ということですね。どうして、こんな規定が必

要になったんですか？

BUN：今でこそ新型コロナウイルスは5類に引き下げられましたが、猛威を振るっていた当初は2類相当でしたね。このウイルスの特徴として非常に感染力が強い上に症状が出る前の感染者からも感染してしまいます。そのため、感染者が出てしまうとその人物と「濃厚接触者」に該当する人物まで事実上隔離されることになってしまいました。

リサ：現にどこかの自治体では感染者が出てしまい、その現場は一時的に封鎖した、なんてニュースもありましたね。

BUN：それでお分かりのとおり、感染者が出てしまうと、その職場ごと封鎖、機能不全に陥ってしまうリスクがあるわけです。

リサ：そうかぁ。処理施設といった現場以外でも、都道府県、市町村といった行政、特に許可業務を担当している職場でクラスターが発生してしまうと、許可を出そうにも出せなくなってしまうわけですね。

BUN：さらに、感染性の疾病に伴う廃棄物の制度は複雑です。

リサ：感染者から排出される廃棄物は全て感染性廃棄物じゃないんですか？

BUN：廃棄物処理法上、廃棄物は一般廃棄物か産業廃棄物かに分類されましたね。許可制度も別になっています。

リサ：そうかぁ。廃プラスチック類や金属くずは排出業種の限定がないので注射器やメスは産業廃棄物。でも、ガーゼや包帯は廃棄物の分類としては繊維くずになってしまいますから病院から排出されれば、これは一般廃棄物となってしまうってことですね。

BUN：血液は古い疑義応答により汚泥か廃アルカリに分類され、これは排出業種を問わずに産業廃棄物になります。よって、血の付いた注射器は感染性産業廃棄物。しかし、血の付いたガーゼや包帯は感染性一般廃棄物と感染性産業

廃棄物の混合物となってしまいます。

リサ：でも、現実には同じ業者が扱っていますよね。

BUN：現実には血とガーゼを分別するわけにはいきません。そこで、法律第14条の4第17項を受けた省令第10条の20第2項で「感染性産業廃棄物処理業の許可を得ている者は感染性一般廃棄物も扱える」旨規定しているんです。

廃棄物処理法施行規則

（特別管理一般廃棄物の収集若しくは運搬又は処分を業として行うことができる場合）

第10条の20　法第14条の4第17項の環境省令で定める者は、次のとおりとする。

2　特別管理産業廃棄物収集運搬業者、特別管理産業廃棄物処分業者及び前項に掲げる者のうち、感染性産業廃棄物の収集又は運搬を行う者は感染性一般廃棄物の収集又は運搬を、感染性産業廃棄物の処分を行う者は感染性一般廃棄物の処分を、（中略）、それぞれ行うことができる。

リサ：ほんとだ。じゃ、この規定も「許可不要制度」として紹介する必要がありますね。詳細は改めて取り上げてください（35ページ右段）。

BUN：この規定により感染性一般廃棄物の許可は不要となるわけですが、ところが今回の新型コロナウイルス感染症関連では更なる課題が出てきました。それは「宿泊療養施設」からの廃棄物です。

リサ：「宿泊療養施設」って、新聞報道などで読みますと、軽度の感染者を社会から隔離するためのホテル等の宿泊施設ですね。

BUN：特別管理廃棄物となる「感染性廃棄物」は排出施設が政省令で限定されています。

リサ：確か、病院や診療所等でしたね。

BUN：現在、10の施設が限定的に指定され

ていますから、ここから排出される場合のみ感染性廃棄物となりますが、それ以外の施設から排出される場合は、いくら感染者からのマスクやガーゼであっても、それは感染性廃棄物にはならないわけです。

リサ：リスクとしては同じでしょうけどねぇ。

BUN：そのため、いくら感染性産業廃棄物処理業の許可を持っていても宿泊療養施設からの一般廃棄物は扱えないということになってしまうのです。それゆえその地域ではその廃棄物を扱える許可業者が事実上誰もいないなんてことも生じかねない。そこで、今回の「大臣又は首長の指定者」という許可不要制度を創設したと思われます。

リサ：なんとも複雑ですね。これを機会に感染性廃棄物だけでも根本的に見直せばよかったと思うのですが、なかなか、そうもいかないのでしょうね。

BUN：ようやく、産業廃棄物収集運搬許可条文の省令規定はこれで全部。なお、処分業の省令規定者は収集運搬の第10号と第11号が抜けるだけなので省略するね。

リサ：ふー、長かったけど前回の一般廃棄物に比べると、ちょっと物足りないですね。

BUN：おっ、「一般廃棄物に比べると、ちょっと物足りない」とは、いい感覚だね。それは、「許可不要制度」を考えるに当たり、とても大切な感覚なんだ。前にも話したけど、原則許可が必要という法律があるのに、なぜ、許可不要という例外を規定しなければならなかったか。

リサ：それは原則どおりにやると不都合なことのほうが大きいからでしたね。

BUN：都道府県の許可である産業廃棄物に比較すれば、市町村の許可である一般廃棄物は、どうしたって許可のエリアは狭くなる。

リサ：そりゃ当然ですよ。県より大きい市町村なんて聞いたことないですもの。

BUN：エリアが狭いということは、特殊な処理方法が必要な廃棄物の処理施設なんかは、排出市町村の中にはないことが多いよね。

リサ：特殊な処理のレベルでなくても、リサイクルしたいと排出事業者が思っていても、リサイクルできる施設が近くにはないってことはよくありますよ。

BUN：そうなんだ。だから、一般廃棄物の許可不要制度のほうが、より切実な要望で作られているともいえるかもしれないね。

　ちなみに、一般廃棄物の許可不要制度にはあるのに、産業廃棄物の許可不要規定には出てこなかった事項を確認しておこうか。

　第1号市町村委託、第7号家電リサイクル法関連、第8号産廃許可業者で廃タイヤを運搬するとき、第9号スプリングマットレス等適正処理困難物の販売者、第10号引っ越し廃棄物、第12号、第13号災害廃棄物

リサ：なるほど。いわれれば、一般廃棄物特有の要因がある廃棄物についての制度ですね。

特別管理産業廃棄物編

POINT

●特別管理産業廃棄物処理業の許可条文「ただし書」には「専ら再生利用」は登場しない。
●省令規定の許可不要者は収集運搬5人、処分3人だけ
●特別管理産業廃棄物処理業の許可業者は特別管理一般廃棄物も扱える。

リサ：やっと許可条文の省令規定が終了ですか。

BUN：いやいや、産業廃棄物には特別管理産業廃棄物処理業の許可は別途規定していたでしょ。

リサ：そうでした。でも、特別管理産業廃棄物

処理業でも許可不要者の規定なんかは同じようなものなんでしょ。

BUN：まぁ、似てるけど、面白い要因もあるので、まず、許可条文「ただし書」を見てみよう。

廃棄物処理法

（特別管理産業廃棄物処理業）

第14条の4　特別管理産業廃棄物の収集又は運搬を業として行おうとする者は、当該業を行おうとする区域（略）を管轄する都道府県知事の許可を受けなければならない。ただし、事業者（自らその特別管理産業廃棄物を運搬する場合に限る。）その他環境省令で定める者については、この限りでない。

どうだい？　違いに気が付いたかい。

リサ：一般廃棄物や普通の産業廃棄物処理業の許可条文にあった「専ら再生利用の目的となる……」という文言がありませんね。

BUN：そうなんだ。

リサ：法律作った人は、特別管理産業廃棄物はリサイクルができないって思ったのかなぁ。

BUN：そうじゃないと思うよ。現に排出時点では特別管理産業廃棄物に該当する「燃えやすい廃油」や「高濃度で金属を含んでいる廃液」などはリサイクルされている実績もあるしね。

リサ：じゃ、どうしてなんだろう？

BUN：「特別管理」という概念、制度は平成4年からスタートしたものなんだ。「専ら再生利用」に関しては、昭和46年の廃棄物処理法スタート時点からすったもんだがあったね。

リサ：廃タイヤボイラーのサーマルリサイクル裁判とかですね。

BUN：「専ら再生利用」により許可が不要となるのは、古紙、くず鉄、あきびん類、古繊維の4品目に限定して運用するんだ、と通達まで出している。そして、昭和56（1981）年の最高

裁判決まであったわけだから、平成4年の時点で今更「専ら再生利用で許可不要な廃棄物はほかにもありますよ」、とはいえないわけですよ。

リサ：そうか、この4品目限定なら特別管理産業廃棄物になる物はありませんものね。別の言い方をするなら「特別管理になるような廃棄物を扱うなら、たとえ再生利用が可能だとしても、許可を取得してやってね」ってことですかね。

だから、平成4年からスタートの特別管理産業廃棄物処理業許可条文には「専ら再生……」の文言がないんですね。いや〜、これもこの条文が「いつできたか」を知って初めて分かるトリビアですね（宣伝・笑）。

BUN：「自ら処理」については、これは特別管理産業廃棄物も同じなので省略して、省令規定を確認していこうか。といっても、これも普通の産業廃棄物規定からいくつか抜けているだけ。

廃棄物処理法施行規則
特別管理産業廃棄物収集運搬業許可不要省令規定者
（第10条の11）
（特別管理産業廃棄物収集運搬業の許可を要しない者）
第10条の11
一　海洋汚染防止法廃油処理許可業者
二　国
三　産業廃棄物の輸入に係る運搬を行う者
四　産業廃棄物の輸出に係る運搬を行う者
五　行政代執行委託業者
六　災害時等大臣・首長の指定する者

特別管理産業廃棄物収集運搬業許可不要省令規定者
（省令第10条の15）
（特別管理産業廃棄物処分業の許可を要しない者）
第10条の15
一　海洋汚染防止法廃油処理許可業者
二　国
三　行政代執行委託業者
四　災害時等大臣・首長の指定する者

リサ：わー、シンプルでいいなぁ。この程度なら覚えておけるかも。でも、なぜ、普通の産業廃棄物にあった「都道府県知事再生利用指定」がないんですかねぇ。BSE関係は特別管理産業廃棄物に該当する種類じゃないから入っていないって分かるけど、知事指定なんかはあってもいいと思うけど。

BUN：これは推測だけど、平成4年の大改正以降頃から産業廃棄物行政では、極力原則どおり許可を取らせよう、という方針のように見える。全国的に大規模不法投棄などが頻発した時期だし、産業廃棄物の許可なら県単位だからそれなりに許可の範囲も広い。「産業廃棄物を扱うなら許可を取りなさいよ」という姿勢ですね。

だから、この時期以降の許可不要制度は一般廃棄物か、又は国、国民全体が全国的に処理に困ったっていうような物しか規定しなくなってきた感じがするよ。

その代わり、特別管理産業廃棄物と性状的に同種の特別管理一般廃棄物については別個の条文で許可不要制度を規定した。

リサ：さっきの感染性廃棄物の話ですね。

特管一廃便乗規定

BUN：これは許可条文の「ただし書」ではありませんが、許可条文で登場する制度なのでここで紹介させていただくことにしましょう。

廃棄物処理法
（特別管理産業廃棄物処理業）
第14条の4
17　特別管理産業廃棄物収集運搬業者、特別管理産業廃棄物処分業者その他環境省令で定める者は、第7条第1項又は第6項の規定にかかわらず、環境省令で定めるところ

により、特別管理一般廃棄物の収集若しくは運搬又は処分の業を行うことができる。この場合において、これらの者は、特別管理一般廃棄物処理基準に従い、特別管理一般廃棄物の収集若しくは運搬又は処分を行わなければならない。

廃棄物処理法施行規則

（特別管理一般廃棄物の収集若しくは運搬又は処分を業として行うことができる場合）

第10条の20 法第14条の４第17項の環境省令で定める者は、次のとおりとする。

2 特別管理産業廃棄物収集運搬業者、特別管理産業廃棄物処分業者及び前項に掲げる者のうち、感染性産業廃棄物の収集又は運搬を行う者は感染性一般廃棄物の収集又は運搬を、感染性産業廃棄物の処分を行う者は感染性一般廃棄物の処分を、特別管理産業廃棄物である廃水銀等の収集又は運搬を行う者は特別管理一般廃棄物である廃水銀の収集又は運搬を、特別管理産業廃棄物である廃水銀等の処分を行う者は特別管理一般廃棄物である廃水銀の処分を、特別管理産業廃棄物であるばいじんの収集又は運搬を行う者は特別管理一般廃棄物であるばいじんの収集又は運搬を、特別管理産業廃棄物であるばいじんの処分を行う者は特別管理一般廃棄物であるばいじんの処分を、それぞれ行うことができる。

リサ：えぇと、感染性廃棄物、廃水銀、ばいじんの三つですね。これは特別管理産業廃棄物の許可を持っていれば、特別管理一般廃棄物も扱えるってことかぁ。だから、特別管理一般廃棄物処理業の許可ってないんですね。ようやく分かりました。

BUN：これは平成４年に特管物制度を導入したときからある条文（当時は第14条の４第10項）で平成29（2017）年に廃水銀を追加した経緯があります。

リサ：特別管理一般廃棄物特有の要因ですね。

BUN：特別管理一般廃棄物は「一般廃棄物」とはいうものの、極めて特殊な廃棄物で、また、性状的には同類の特別管理産業廃棄物と同じものであることから、この規定が作られたと思われます。

図表2（再掲）　現在の廃棄物処理業許可不要制度

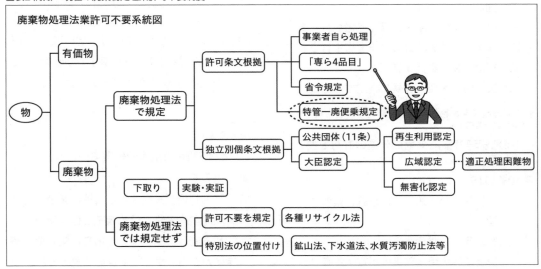

まとめノート

▶**昭和46(1971)年** 廃棄物処理法施行、許可条文に「ただし書」あり。条文上は①事業者自ら、②専ら再生を目的、③省令規定は許可不要と規定

事業者自ら

▶**昭和57(1982)年** 「建設廃棄物の処理の手引」により建設系廃棄物の事業者は元請業者と記載。よって、建設系廃棄物については元請は許可不要

▶**平成6(1994)年** フジコー裁判を受けて、区分一括下請の場合は下請も事業者とする。よって、区分一括下請の場合の建設系廃棄物については下請も許可不要

▶**平成23(2011)年** 法律第23条の2第1項で建設系廃棄物の事業者は元請業者と規定。第3項で下請が事業者と見なされる場合を規定。元請は許可不要。下請は規定を満たしたときは許可不要

（建設系廃棄物以外の廃棄物の排出者はフジコー裁判を受け、「一塊、一括の仕事を支配管理できる存在」とするのが定説）

専ら再生利用

▶**昭和46(1971)年** 厚生省局長通達により、産業廃棄物である古紙、くず鉄(古銅等を含む)、あきびん類、古繊維の4品目に関しては許可不要とした。一般廃棄物である4品目についても同様に運用

▶**昭和56(1981)年** 最高裁判決で、4品目以外である廃タイヤは、「専ら再生」としての許可不要にはならないとされた。

▶**平成16(2004)年** 「木くず」についての裁判（木くずは有価物かも争点）

▶**令和2(2020)年** 「許可事務通知」の中で改めて「専ら再生」として4品目は許可不要と通知

省令規定、一般廃棄物

▶**昭和46(1971)年** 廃棄物処理法施行、①市町村委託と②し尿浄化槽清掃業者が行う汚泥の処理は許可不要と規定

▶**昭和52(1977)年** 「運搬のみ(すなわち「通過」する自治体)」と「国」を許可不要に追加

▶**昭和53(1978)年** 「し尿浄化槽汚泥」を削除。「市町村長再生利用指定」を追加

▶**平成3(1991)年** 放置自動車(非営利で広域に処理)を追加

▶**平成4(1992)年** 「運搬のみ」を削除

▶**平成5(1993)年** 「輸出廃棄物」を追加

▶**平成6(1994)年** 「広域的再生」と「適正処理困難物」を追加

（平成9(1997)年 環境大臣(当時は厚生大臣)再生利用認定制度スタート）

▶**平成13(2001)年** 廃タイヤ、スプリングマットレス、パソコン、バッテリー等追加

（平成15(2003)年、環境大臣広域認定制度スタート）

▶**平成15(2003)年** 「広域的再生」、「パソコン」、「バッテリー」等、環境大臣広域認定制度に移行したものは削除。「引っ越し廃棄物」追加

▶**平成16(2004)年** 「BSE(狂牛病)関連」追加

▶**平成24(2012)年** 東日本大震災、災害特措法関連の災害廃棄物を追加

許可条文「ただし書」省令規定、産業廃棄物

▶**昭和46(1971)年** 廃棄物処理法施行、①海洋汚染防止法廃油処理許可業者は許可不要と規定

▶**昭和52(1977)年** 「運搬のみ(すなわち「通過」する自治体)」と「国」を許可不要に追加

▶**昭和53(1978)年** 「都道府県知事再生利用指定」を追加

▶**平成3(1991)年** 放置自動車(非営利で広域に処理)を追加

▶**平成4（1992）年**
- ・「運搬のみ」を削除。広域臨海環境整備センター法（フェニックス）と日本下水道事業団を追加
- ・特別管理産業廃棄物処理業制度スタート。「専ら再生利用」は条文になし
- ・省令規定は収集運搬・処分とも「海洋汚染防止法廃油処理許可業者」と「国」の2者のみ
- ・特別管理産業廃棄物処理業の許可業者は特別管理一般廃棄物も扱える（感染性、ばいじん）。

▶**平成5（1993）年** 「輸出入廃棄物」を追加。特別管理収集運搬も同様

▶**平成6（1994）年** 「広域的再生」と「一般廃棄物の＜適正処理困難物＞に相当する産業廃棄物」を追加

（平成9（1997）年、環境大臣再生利用認定制度スタート）

▶**平成13（2001）年** 「行政代執行」（特別管理収集運搬・処分も同様）と「BSE（狂牛病）関連」追加

▶**平成15（2003）年** 「BSE（狂牛病）関連」整理し、号数追加

（平成15（2003）年、環境大臣広域認定制度スタート）

▶**平成29（2017）年** 特別管理産業廃棄物処理業の許可業者は特別管理一般廃棄物も扱える（廃水銀追加）。

▶**令和2（1971）年** 災害時等「大臣・首長指定者」を追加

第2章

廃棄物処理法独立条文編

第❷章

廃棄物処理法独立条文編
第1回　公共団体

**廃棄物処理法で規定（許可条文以外）・
独立条文・公共団体**

POINT

● 都道府県は処理業許可なく産業廃棄物の処理ができる。

● 市町村はそもそも処理業許可がなくとも一般廃棄物の処理ができる。

● 市町村は処理業許可がなくとも産業廃棄物の処理ができる。

リサ：ようやく長いトンネルを抜けましたねぇ。許可条文「ただし書」省令規定の次は何ですか？

BUN：前回も提示したけど、もう一度、許可不要全体図を見てみようか（**図表1再掲**）。

　一つ枝を遡って「独立別個条文」。まずは、この中の「公共団体」を見てみよう。条文としては第11条だね。

図表1（再掲）　現在の廃棄物処理業許可不要制度

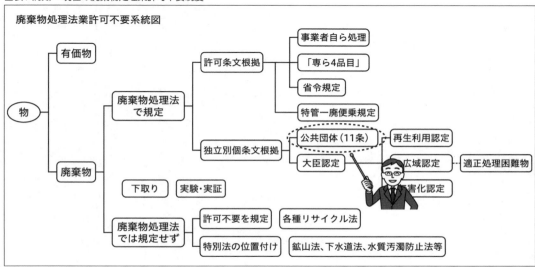

廃棄物処理法

（事業者及び地方公共団体の処理）

第11条 事業者は、その産業廃棄物を自ら処理しなければならない。

2 市町村は、単独に又は共同して、一般廃棄物とあわせて処理することができる産業廃棄物その他市町村が処理することが必要であると認める産業廃棄物の処理をその事務として行なうことができる。

3 都道府県は、産業廃棄物の適正な処理を確保するために都道府県が処理することが必要であると認める産業廃棄物の処理をその事務として行うことができる。

第1項は事業者の規定、第2項は市町村の規定、第3項は都道府県の規定なんだけど、説明としては第3項から話を進めよう。

リサ：この条文はいつできて、どういう趣旨なんでしょうか。

BUN：現在は第11条になっていますが、廃棄物処理法がスタートした昭和46年の時点でも第10条として、項も3項ありまして、ほぼ同じ文章で存在していました。ただ第3項は当初次の文章でした。

＊昭和46年時点

3 都道府県は、主として広域的に処理することが適当であると認める産業廃棄物の処理をその事務として行なうことができる。

リサ：「主として広域的に処理することが適当」という文言が、「適正な処理を確保するため」に変わったんですね。いつの改正でしょう？

BUN：この改正は平成12年です。平成12年は西暦2000年に当たり、この時期は「ミレニアム」などと呼ばれ各種リサイクル法が成立

し、世の中は「循環型社会」形成に向けて進み出しました。それまで第11条で規定していた「都道府県産業廃棄物計画」が一般廃棄物も包含し「廃棄物計画」として第5条の3に移ることになりました。

この時期は地方分権の機運が高まってきたことでもあり、地方自治体が行う施策にはあまり箍（たが）をはめないように、ということもあり「広域的処理」という要件を外したものと思われます。

リサ：「いつできた？」という経緯は分かりましたが、「許可不要」ということも解説してください。

BUN：そうですね。条文上は「都道府県は許可不要」とは規定していません。第1章第1回の「自ら処理」の説明でも述べましたが、「業」の概念として、「対象が不特定多数」「反復継続」「営利目的」の3要素が挙げられることが多いのですが、国や地方自治体が行う行為は、通常、「営利目的」はふさわしくありません。そこで、「許可不要」という表現ではなく、「事務として行なうことができる」という言い回しになっているのかもしれません。

リサ：まぁ、行為を表面的に見た限りでは「他人の廃棄物を処理する」ということには違いないですからね。許可不要制度の一つとして捉えておきましょうか。

BUN：遡りまして第2項の市町村による一般廃棄物の処理に関しては、これは昭和46年から全く変わっていません。

リサ：そもそも「一般廃棄物の統括的処理責任は市町村にある」という原則的な考え方により、一般廃棄物の処理に関しては、市町村はそもそも自分の業務だから、条文では規定していなくとも一般廃棄物については許可不要ということでしたね。

BUN：そうですね。市町村による一般廃棄物の処理業務は、古くは汚物掃除法、清掃法からの歴史的経緯や、地方自治法の考え方などから

きていて、いうならば「自ら処理」という面も
あり、さらに、「業」としてやっているわけでは
ないので、条文では改めて規定していない
（11ページ）、といえるでしょう。

リサ：この第11条第2項で規定していること
は、市町村が産業廃棄物を処理するときでも許
可は要らない、ということですよね。条文上は
第3項の都道府県の産業廃棄物の処理と同じく
「事務として行うことができる」ですが。

BUN：そのとおりです。いわゆる「あわせ産
廃」と呼ばれている物、行為です。市町村は中
小企業育成等の考えから、自分の行政区域内の
産業廃棄物も処理してあげているケースがあり
ます。本来、産業廃棄物の処理は市町村の責務
ではないわけですが、適正処理等の観点から
「産業廃棄物でも許可なくても扱っていいよ」と
いう規定ですね。

リサ：では、さらに遡って第1項ですね。「第
11条　事業者は、その産業廃棄物を自ら処理
しなければならない」

BUN：第2項、第3項では市町村、都道府県
という「公共団体」が他者の廃棄物を許可がな
くても扱える、という趣旨で説明しました。

　前述の第1章第1回で、第7条、第14条の
許可条文の「ただし書」で「事業者の自ら処理」
は許可不要を解説しましたが、私個人としては、本来、この条文があれば、「ただし書」に
は「自ら処理」はなくてもいいんじゃないかと

まで思っているんです。

リサ：ほぉ、それはどうして？

BUN：許可とは「禁止行為の解除」といわれ
ていて、一般的に禁止している行為を「あなた
だけやっていいよ」と解除するのが「許可」だ、
という考え方です。ということは、許可制度を
とっている行為は、原則的には禁止されている
行為ですよね。ルールで「やらなければならな
い」と決めておいて、一方では「やってはいけ
ない」と決めていたんでは、どっちに従ったら
いいんだ、となるでしょ。

リサ：なるほど。もし、自分の廃棄物であって
も、許可を持っている人でなければ扱ってはな
らない、と決めていたら、許可を取れない人は
みんなルール違反になってしまう。だから、
「自分の廃棄物は自分で処理しなければならな
い」と決めた限りは、処理基準を設定すること
はあっても、原則禁止することになる許可制度
にはできないでしょってことですね。

BUN：そのとおりです。でも、まぁ、そんな
理論展開は屁理屈が好きな人物でないと思いつ
かないかもしれないから、「入念的に」許可条文
の「ただし書」に「事業者自らが処理するとき
は許可不要」と規定したのかもしれませんね。

　独立別個の制度として大臣認定制度があるけ
ど、長くなったので今回はここまでとしましょ
う。

第2章

廃棄物処理法独立条文編
第2回　大臣再生利用認定

リサ：ここまで、許可条文ただし書から、「事業者自ら」「専ら再生」「省令規定」、さらに都道府県・市町村という公共団体まで進みました。今回はどこから話を進めますか？

BUN：許可不要制度はその範囲が広くて、何について検討しているのか分からなくなって迷子状態に陥りますので、何回か見ていただきました、「現在の廃棄物処理業許可不要制度」の全体図で立ち位置を確認しましょう。

大臣再生利用認定制度　制度成立の趣旨と概要

POINT

- ●アウトプットが再生になることを求められる大臣の認定制度
- ●処理業の許可も処理施設設置許可も不要
- ●排出から再生まで一括セットで認定

リサ：全体図を見ると系統立てて検討している

図表1（再掲）　現在の廃棄物処理業許可不要制度

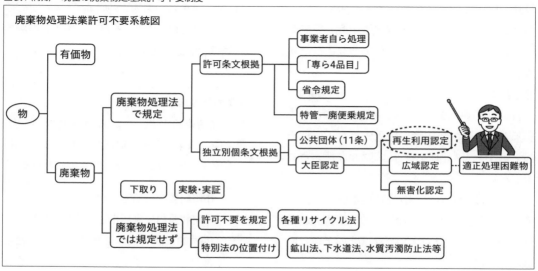

ような気になりますね。この図表からいけば、今回は「大臣認定」からですか。これは省令規定の章などでも度々登場してきていますね。

BUN：大臣認定制度には、現在、再生利用認定、広域処理認定、無害化認定があり、それぞれに一般廃棄物、産業廃棄物の区分が設定されています。再生利用認定と広域処理認定は混同しやすいことから、二つの制度の大きな違いを最初に述べておきましょう。

　再生利用認定は、1県内、1市町村内だけを対象エリアとすることも可能ですが、アウトプット（処理後物）は必ず「再生」（リサイクル品）になっていることが求められます。

　一方、広域認定は、アウトプット（処理後物）は必ずしも再生になっている必要はありませんが、対象地域は広範囲である必要があります。

　再生利用認定は、処理業許可が不要になるだけではなく、処理施設設置許可（一般廃棄物は第8条、産業廃棄物は第15条の許可）も不要になる制度です。

　ただ、現実的にはどちらの制度も「狭い範囲」での認定はありませんし、アウトプットはできるだけ再生になることを求めているようです。さらに、共通しているところは、処理システム全体を認定の対象としている点です。

リサ：「処理システム全体を認定の対象」というのは省令規定の都道府県知事再生利用指定制度のところで説明してもらったようなことですか。

BUN：そうです。処理業許可は、収集運搬であれば収集運搬の行為のみを許可の対象としていることから、排出者や受入先となる処理施設・処理手法・処理業者等は基本的に限定されませんね。

　一方、認定制度は排出から処理が完結するまで、「排出先、排出物、運搬手段、受入先、処理方法等」が一括して認定の対象となる、ということです。

リサ：非常に窮屈な制度ですよね。

BUN：その点はそうなんですが、生産者が自社製品を回収して、責任ある処理をしようとするときなどは、都道府県市町村のエリアに縛られずに広域的に活動できるというメリットがあります。

リサ：そうかぁ、都道府県や市町村の指定ではエリアが相当狭いけど、日本全国を対象地域とすることができるんであれば、メリットは大きいですか。では、個別の制度ごと「いつできた？」を解説してください。

スタートは

POINT

●大臣再生利用認定制度はそれまでの制度を継承するものではなく、全く新しい制度

BUN：大臣認定制度で最も歴史があるのは、再生利用認定で、これは平成9（1997）年の法律改正でスタートしています。

リサ：ちょっと待ってください。前回、前々回の「省令規定」の章で「大臣認定制度」のような文言を見たような気がするのですが……。

BUN：（ドキッ、余計なことは覚えてるなぁ……）よく覚えていたね。では、平成9年頃の一般廃棄物省令規定を見てみようか。

廃棄物処理法施行規則

（一般廃棄物収集運搬業の許可を要しない者）

第2条　法第7条第1項ただし書の規定による厚生省令で定める者は、次のとおりとする。

一　市町村委託（簡略表記）

二　市町村長再生利用指定（簡略表記）

三　広域的に収集又は運搬することが適当であり、かつ、再生利用の目的となる一

般廃棄物であつて、厚生大臣が指定した
ものを適正に収集又は運搬することが確
実であるとして厚生大臣の指定を受けた
者（当該一般廃棄物のみの収集又は運搬を
業として行う場合に限る。）

四　広域的に収集又は運搬することが適当
であるものとして厚生大臣が指定した一
般廃棄物（前号の規定による指定に係る一
般廃棄物を除く。以下この号において「広
域収集運搬一般廃棄物」という。）を適正に
収集又は運搬することが確実であるとし
て厚生大臣の指定を受けた者（広域収集運
搬一般廃棄物のみの収集又は運搬を営利
を目的とせず業として行う場合に限る。）

五　法第6条の3第1項の規定による指定
に係る一般廃棄物を適正に収集又は運搬
することが確実であるとして厚生大臣の
指定を受けた者（当該一般廃棄物のみの収
集又は運搬を営利を目的とせず業として
行う場合（併せてこれに類する一般廃棄物
の収集又は運搬を営利を目的とせず業と
して行う場合を含む。）に限る。）

六　国（簡略表記）

七　一般廃棄物の輸出（簡略表記）

リサ：ほうら、省令規定第3号、第4号、第5
号にそれらしき制度が登場しているじゃないで
すか。これらの制度と平成9年に法律となって
登場した制度は違うんですか。

BUN：ん～、これは当時担当者であった人た
ちでさえ、頭を悩ましていた条文だったけど
ね。既に前々回取り上げたけど改めて整理して
おこうか。

　まず、当時は根拠条文を明記していた第5
号。これは「法第6条の3第1項の規定」とし
てあるから明確。

リサ：これは「適正処理困難物」でしたね。こ

れが環境大臣の再生利用認定に引き継がれた？

BUN：いや、これは数年後に登場する「広域
認定」に移行する規定だね。

リサ：じゃ、再生利用認定は第4号ですか？

BUN：省令規定第4号のポイントは「営利を
目的とせず」といったことと、「再生」を必須の
ものとしていないこと、それに第4号を受けて
大臣が指定した「物」、「者」を確認すると分か
るんだけど、放置自動車なんだ。

リサ：あっ、そうでしたね。最初の指定の平成
3（1991）年から現在まで放置自動車だけで
したね。ということは、残ったのは第3号です
かねえ。

BUN：ところが、数年後広域認定制度がス
タートしたときの環境省からの通知に次の一文
がある。

廃棄物の処理及び清掃に関する法律の一部を改正す
る法律の施行について
（平成15年11月28日環廃対発第031128003号・環廃
産発第031128007号環境省大臣官房廃棄物・リサイ
クル対策部廃棄物対策課長・産業廃棄物課長通知）

第六　その他

二　改正省令による改正前の一般廃棄物の処
　理に係る広域再生利用指定制度について
　　今般、法第9条の9の規定による広域的処
　理の認定制度の創設に伴い、規則第6条の
　13の規定に基づき環境大臣の定める一般廃棄
　物に廃スプリングマットレス、廃パーソナル
　コンピュータ及び廃密閉型蓄電池を指定する
　とともに、改正省令による改正前の規則第2
　条第3号、第10号若しくは第11号又は第2
　条の3第3号、第7号若しくは第8号に規定
　する環境大臣の指定する者について許可を不
　要とする制度については廃止することとした
　こと。

　まぁ再生利用認定制度がスタートした平成9
年以降も省令規定の文言は改正されていたから

一概にはいえないけど、どうも、第3号の制度を引き継ぐのも前述の通知からすると広域認定制度のようなんですね。

よって、現在の法第9条の8（平成9年のスタート時点では第9条の5の2）の大臣再生利用認定制度は、これ以前には省令等でも規定されていなかった全く新たな制度といったほうがいいんだと思う。

付帯決議による制約

リサ：なるほど。通知でそのようにいっているのであれば、大臣再生利用認定制度の「いつできた？」は平成9年から、ということにしておきましょう。この制度はこれ以降どのように変わってきているんですか？

BUN：実はこの制度を作るために国会で審議したところ、付帯決議が付いたらしい。

リサ：付帯決議って何ですか？

BUN：その法律の運用や、将来の改善についての希望などを表明するもので、法律的な拘束力はないけど、行政はこれを尊重することが求められ、無視はできないことになっているものらしいよ。大臣の認定制度を法律にするときに、「そもそも、廃棄物処理業の許可は産業廃棄物については都道府県知事、一般廃棄物については市町村長の権限じゃないか。それを頭越しに国（大臣）がやるというのは原則を破ってしまう。よって、認定するときは十分慎重にね」っていう趣旨の付帯決議らしい。

それで、何でもかんでも認定してよいということではなく、あらかじめ大臣が告示した廃棄物に限定することになったんだ。

リサ：具体的にはどんな廃棄物が告示で示されたんですか？

BUN：制度スタートの平成9年の時点では、一般廃棄物は廃タイヤだけ、産業廃棄物は廃タイヤと無機性汚泥の2品目だけ。

リサ：せっかくの制度なのに随分限定しましたね。

BUN：今話したとおり、この制度はやる人間がもうかるだろう、としてやるような商売は認定の対象にはならない。やはり、日本全国で国民が処理に困っているっていう廃棄物じゃないとなかなか対象にはしにくいんでしょうね。

リサ：この廃タイヤと汚泥って処理に困っていたんですか？

BUN：この時代は自動車リサイクル法がまだない時代で、日本全国で廃自動車の放置や廃タイヤ何十万本という不法投棄があちこちにありました。廃タイヤは通常の焼却炉では一本丸ごと投入するのは難しく、一旦切断しなければならず、受け入れられる施設は限られていました。しかし、セメント工場ではこれを熱源とともにタイヤの中に入っている鉄芯（ワイヤー）が原料にもなること、施設が巨大ですから廃タイヤを丸ごと投入できるために受け皿として期待が高まっていたのです。

リサ：でも、先生、それなら正攻法の処理業の許可を取得すればよかったのではありませんか？

BUN：ところが、ちょうどこの時期、ダイオキシン騒動が起きまして、廃棄物の焼却に関しては世の中が極めて厳しく捉える時代に入っていたのです。そのため、廃棄物焼却施設の構造基準、維持管理基準をそれまでとは比較にならないほど厳しいものにしたんです。もちろん、セメント工場でも排ガスの基準は遵守しますが、致命的だったのが構造基準です。

リサ：そりゃ、そうでしょうねぇ。セメント工場や製鉄所はセメントや鉄を作るための施設であり、廃棄物を焼却するために作られていたわけじゃないでしょうから、既存の製造工場を廃棄物焼却炉の構造基準に合わせろというのは難しいでしょう。

BUN：そこで登場したのが、この大臣再生利用認定制度です。

リサ：そうか、再生利用認定制度は処理業の許可も、そして処理施設の設置許可も不要とする施設ですね。それで大量に処理に困っていた廃タイヤを一気にセメント工場で引き受けてよ、となったわけですか。あと、産業廃棄物の再生利用認定制度にある「汚泥」とはどういう経緯なんですか？

BUN：これは、スーパー堤防のあんこ材として、建設工事から出てくる汚泥を使うのであれば……ということなんです。

リサ：ん？　よく分かりません。もっと、分かるように説明してください。

BUN：その後の大型治水工事の見直し等があり、現実には活用されていない制度らしいのですが、次のような経緯と思惑です。

　河川の大改修のために超大型の「スーパー堤防」なるものを国交省（当時は建設省）は企画した。大きな土木工事では大量の汚泥が発生する。これは産業廃棄物である。しかし、脱水さえちゃんとやれば、成分的にはその辺の土と同じだ。しかし、そうはいっても、じゃ、買ってくれる人はいるかといわれれば、それほどの量の、しかも一旦「汚泥」となった物を買う人はまずいない。となると、その「汚泥」はやっぱり廃棄物だ。しかも「汚泥」は埋立てするなら管理型最終処分場に入れなくてはならない。途方もない処理料金はかかるし、公共工事だけで日本全国の最終処分場を満杯にするわけにはいかない。一方、「汚泥」とはいうものの、成分的には自然界の土とほぼ同じ上に、由来も明確。遮水シート張って水処理をするほどのものでもない。そうだ、どうせ堤防を作るときには、堤防の中に大量の土を盛らなくてはならない。この「堤防のあんこ材」として使うのであれば一石二鳥じゃないか。まぁ、こんなところでしょうかね。

リサ：なるほど。最終処分場という処理施設の設置許可も取らなくていいしねってことですね。

スーパー堤防のあんこ材

廃プラスチック類と肉骨粉

POINT
- ●規制緩和、構造改革としての活用（廃プラスチック類の追加）
- ●救世主的な受け皿として活用（肉骨粉の追加）

リサ：さて、次は？

BUN：平成11（1999）年に一般廃棄物、産業廃棄物ともに「廃プラスチック類」を追加した。この経緯については資料があまりなくて詳細は分からないんだけど、この時期しきりに構造改革がいわれ出して、構造改革特別区域、いわゆる「特区申請」の経緯もあり追加されたようです。具体的には廃FRP船の破砕物をセメント原材料として利用するもののようです。ちなみに、いわゆる「プレジャーボート」は材質が腐らず丈夫なFRPで作られている。現役で活躍するときにはとてもいい素材なんだけど、これが廃棄物になると砕くのも一苦労。いつまでも存在し続けるということで港に「放置」されるものが現在でも課題になっている。加えて個人の趣味として使っていたものは、排出する時点で「事業活動を伴わない」ので一般廃棄物となってしまって地元の市町村には多大な負担をかけることになるんだねぇ。

リサ：物を手に入れるときは手放すとき、すなわち廃棄するときのことも考えておかないとだめですねぇ。次の追加は？

BUN：次こそ、この大臣再生利用認定制度が世の中に広く知られるようになった改正です。平成13（2001）年のBSE（狂牛病）騒動から廃棄物になってしまった肉骨粉です。

リサ：あっ、この話は聞いたことがあります。それまで家畜の餌、飼料として製造されていた「肉骨粉」がBSEの原因になるとして、突然、使用を禁止された。それまで有価物として流通していた物が、その日を境に廃棄物に流れ込んだってことでしたね。

BUN：そうなんです。その肉骨粉なんですが、原料が動物の死体ですから、種目として「動植物残さ」なんだけど（これをきっかけに後々政令第2条第4号の2として「動物系固形不要物」となりました）、これには排出事業の業種が限定されている。

リサ：食品製造業から排出されれば産業廃棄物だけど、販売業やサービス業等から排出されれば一般廃棄物ってことでしたね。

BUN：そう。そしてこの肉骨粉だけど、それまでは商品にしようとして製造して、販売ルートに乗っている状態で廃棄されるのであるから、「製品たる肉骨粉は一般廃棄物である」という見解を国は示したんだ。

リサ：あらら、ということは、受け皿は一般廃棄物処理業者か市町村ってことですね。

BUN：現実的な処理方法は焼却しかない。民間で一般廃棄物の焼却施設を持っているなんてところは、ほとんどない。だから、おそらく国はこの時点では全国の市町村の焼却炉を受け皿と想定したんだと思う。ところが、期待された市町村としても、自分の町で発生したわけでもない、得体の知れない（その時点では）、しかも病気の原因となるような物はできれば受け入れたくなくて、肉骨粉は宙に浮いた形になってしまった。

リサ：そこで新たに期待されたのがセメント工場ってことですか。

BUN：分かりやすくデフォルメして伝えるならば、こんなとこかな。

「市町村で受け取ってくれないんですよ。民間ではそもそも一般廃棄物の焼却処理業の許可を取っているところはほとんどないし。セメント工場さんで受け取ってくれませんか？」

「そういわれましてもうちも一般廃棄物処理業の許可は取っていませんから」

「処理業の許可がなくてもいいようにしますから」

「そういわれましても、処理施設の設置許可も取っていませんから」

「処理施設の設置許可も不要にしますから」と。

　まぁ、実際にこんなやりとりがあったかは不明ですが……。

リサ：それで、処理業の許可も、処理施設設置許可も不要という大臣再生利用認定制度に白羽の矢が立ったってことですか。

BUN：その後、肉骨粉は実際に「商品」として流通することはないんだけど、補助金の関係もあり一旦は「商品」として製造され、その後流通過程から排出されている、という理論構成のもと、現在でも「一般廃棄物である肉骨粉」は再生利用認定制度の対象になっている。また、当初から処分することを目的に「動物の死体を肉骨粉にする行為」は、「処分するために処理した」と捉えて、出てくる肉骨粉は13号処理物である産業廃棄物、という考え方を採っている。そのため、廃肉骨粉は平成17（2005）年には産業廃棄物でも大臣再生利用認定制度に追加されたんだ。以降、何回か大臣告示は改正され、肉骨粉だけは「認定を廃止する時期」まで決めるんだけど、その期限がくるたびに延長されて、現在でも一般廃棄物、産業廃棄物ともに再生利用認定制度の対象に残っているね。

リサ：はぁ～、なんとも、ウルトラCのような理論構成と現実対応ですね。

POINT
- ●「廃ゴムタイヤ」は当初から、政令第2条第5号で規定している天然「ゴムくず」ではなく、いわゆる「廃プラスチック類」に該当する「物」（法律第2条第4項で規定している廃プラスチック類）に該当する「廃タイヤ」であった。
- ●「廃プラスチック類」を認定の対象に追加した数年後に「廃ゴムタイヤ」を「廃ゴム製品」と文言を変更した。
- ●当初、「生活環境保全上の支障のおそれがある物」は対象から外していたが、「資源として利用することが可能」な金属を含むのであれば対象としてきている。

BUN：次は単純に「追加」ということではなく文言の変更なんですけど、平成18（2006）年にそれまで「廃ゴムタイヤ」としていた1号の表現を「廃ゴム製品」に変えた。

リサ：なんでこの時期？

BUN：分かりません。そもそも廃棄物処理法では「ゴムくず」は「天然ゴム」だけにしていて、合成ゴムは廃プラスチック類として運用している。だから、廃棄物処理法上は平成9年の再生利用認定制度がスタートした時点から、本当は「廃タイヤ」って文言のほうが妥当だったのかも。加えて、平成12（2000）年には「廃プラスチック類」という項目を追加した。「再生利用の内容等の基準」は告示で示しているんだけど、これにも「対象は廃プレジャーボート限定」と明記しているわけじゃない。個人的には、「廃プラスチック類」という号に統合しちゃえばいいと思うんですけどね。そこはやはり前述の付帯決議やそれまでの経緯もあるから、野放図に拡大するわけにはいかないということもある

のかもしれませんね。

リサ：次は何でしょう？

BUN：平成19（2007）年に一般廃棄物、産業廃棄物ともに「金属を含む廃棄物」を追加しました。これもそれまでのルールを覆す改正ともいえるでしょうね。

リサ：というのは？

BUN：そもそも、大臣再生利用認定の対象となる「物」については、法律とそれを受けた省令で次のように規定していた。

廃棄物処理法施行規則

（再生利用に係る特例の対象となる産業廃棄物）

第12条の12の2　法第15条の4の2第1項の規定による環境省令で定める産業廃棄物は、次の各号のいずれにも該当せず、かつ、同条の規定による特例の対象とすることによりその再生利用が促進されると認められる産業廃棄物であつて環境大臣が定めるものとする。

　一　ばいじん又は燃え殻であつて、産業廃棄物の焼却に伴つて生じたものその他の生活環境の保全上支障が生ずるおそれがあるもの

この1号を次のように改正したんだ。

　一　ばいじん又は燃え殻であつて、産業廃棄物の焼却に伴つて生じたものその他の生活環境の保全上支障が生ずるおそれがあるもの（資源として利用することが可能な金属を含むものを除く。）

リサ：「資源として利用することが可能な金属を含むものを除く」を括弧書で追加したんです

ね。

BUN：そもそもさっきからいってる付帯決議があるし、あくまでも都道府県、市町村の許可が大原則。野放図に拡大運用されることのないように、省令や大臣告示が必要としている。

リサ：だからこそ、対象物は有害や腐敗するといったリスクが高い「物」は外すとしてやってきたわけですよね。

BUN：ところが、「資源として利用することが可能」という括弧書を付けたんでは、結局、何でも対象にできちゃうでしょ。せっかく活用できる「物」まで埋め立てろっていってるわけじゃないんですよ。技術が進み、それまで使えなかった物が活用できるようになったら、そりゃ、そっちのやり方をやるべきだとは思うんです。でも、それならそれでルールの下でやりましょうよってことなんです。制度設計が狂ってきていませんか？

リサ：まぁ、まぁ、先生。こんなところで怒ってみてもしょうがないですよ。広い目で見れば世の中が求めて、よいことなんでしょ。これ以降はないんですね。じゃ、先生の気分も下降気味なので、今回は一旦ここで閉じることにしましょう。

法律による規制

POINT

●各種制度を法律の根拠があるように改正
●ここ10年ほどは当初の制度設計どおり厳格に運用
●そのため認定事業はほとんど増減なし

BUN：ちょっと待った。品目としてはこれ以降追加はないんだけど、大きな改正があったんだ（このまま終わっちんじゃ、霞が関に文句ばっかりいってる輩と思われちゃうじゃないか）。

リサ：それは何でしょう？

BUN：前述のように、国民のルールである法律で決めるべきことを、いくら政省令に委任されているからといって、告示レベルで本来の趣旨を逸脱するような運用はいかがなものか、と思う担当者もいたんでしょうね。というか、担当している部局が一番分かっていたんだと思う。

リサ：まぁ、規制改革とか規制緩和とか特区なんていうのは、そもそものルール、それまでのルールをねじ曲げるからこそ「改革」「特別」なんでしょうから。で、どんなことなんですか？

BUN：実は前述のこと以外にも、再生利用認定制度をはじめ、大臣認定制度にはいくつかの矛盾、抜け落ちがあった。

リサ：というと？

BUN：大きな点として、一旦認可した後の変更行為に関して強制力のある規定がなかった。また、認定は大臣（国）がしているのに、その大臣（国）に立入検査権や報告徴収権がないなどかな。そこで、平成22（2010）年の改正で、それまで政省令や運用でやっていたルールを法律、すなわち国民の了解を得ているルールに引き上げたんだ。

リサ：ふ〜ん。それが平成22年の改正ですか？　その後、この大臣再生利用認定制度の運用状況はどうなんでしょうか？

BUN：まぁ、「厳格に運用されている」といえると思います。法令の条文は相変わらず分かりにくいですが、それをフォローすべく「手引き」が環境省のホームページにアップされていますし、なんといっても「金属含有」以降は追加項目はありませんし、現実に認定されている「物」「事業」を見ると、ほとんどが廃タイヤと肉骨粉をセメント工場で受け入れている事業です。

リサ：ん〜、それってよいことなのかなぁ。せっかく便利なオールマイティの制度を作ったんだから、もっと、循環型社会推進のために活用したらいいのになぁとも思いますけどね。

第2章

廃棄物処理法独立条文編
第3回　広域処理認定

広域認定概要と経緯

POINT

● アウトプットは必ずしも再生にならなくても いいが、広域的な処理を求められる大臣の認 定制度

● 処理業の許可は不要となるが処理施設設置 許可は不要にはならない。

● 拡大生産者責任を理念として、一般廃棄物 の「適正処理困難物」の制度を継承

リサ：ここまで、許可条文ただし書、そして独 自条文として都道府県・市町村という公共団 体、さらに前回は大臣再生利用認定制度まで進 みました。今回はどこから話を進めますか？

BUN：今回は大臣認定の二つ目。広域処理認 定に入りましょう。

リサ：広域処理認定は省令規定や再生利用認定 のときに既に何回か出てきていましたね。アウ トプットは必ずしも再生（リサイクル）になっ ていなくてもいいが、範囲は一つの自治体では なく広範囲を対象にする、というものでした ね。確か、適正処理困難物の経緯があって制度

図表1（再掲）　現在の廃棄物処理業許可不要制度

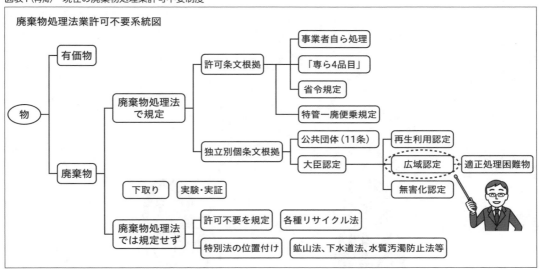

化されたものだったでしょうか？

BUN：よく覚えていましたね。再生利用認定のときにも一度紹介していますが、広域処理認定制度が作られたときの施行通知を確認してみましょう。

廃棄物の処理及び清掃に関する法律の一部を改正する法律の施行について

（平成15年11月28日環廃対発第031128003号・環廃産発第031128007号環境省大臣官房廃棄物・リサイクル対策部廃棄物対策課長・産業廃棄物課長通知）

第六　その他

二　改正省令による改正前の一般廃棄物の処理に係る広域再生利用指定制度について

　今般、法第9条の9の規定による広域的処理の認定制度の創設に伴い、規則第6条の13の規定に基づき環境大臣の定める一般廃棄物に廃スプリングマットレス、廃パーソナルコンピュータ及び廃密閉型蓄電池を指定するとともに、改正省令による改正前の規則第2条第3号、第10号若しくは第11号又は第2条の3第3号、第7号若しくは第8号に規定する環境大臣の指定する者について許可を不要とする制度については廃止することとしたこと。

リサ：なるほど。明確に広域処理認定制度の創設に伴い省令で規定していたいくつかの許可不要の規定は廃止するって書いてありますね。

BUN：平成6（1994）年時点の一般廃棄物処理業の許可不要を規定している省令第2条第5号には「法律第6条の3第1項の規定による指定に係る一般廃棄物」という文言があり、これがいわゆる「適正処理困難物」のことでしたね。平成15（2003）年の時点までに紆余曲折あって前述の文言はなくなっていたんだけど、そもそもは適正処理困難物への対応から始まった制度と考えてよいのだと思います。

リサ：この話は「第1章 第2回、第3回 省令規定の章」でお聞きしました。産業廃棄物には適正処理困難物という規定はなかったはずですが、同様に考えていいのでしょうか？

BUN：今世紀に入った頃から拡大生産者責任という考え方が強く打ち出されるようになりました。生産者が製品の生産・使用段階だけでなく、廃棄・リサイクル段階まで責任を負うという考え方。具体的には、生産者が使用済み製品を回収、リサイクル又は廃棄し、その費用も負担することです。

リサ：省令規定のところでも出てきましたが、本来、原則的には廃棄物の処理責任は排出者にある。しかし、世の中が進んで排出者が処理しようにも処理が難しくできない。こんな処理が難しい製品を世の中に送り出した生産者にも責任があるんじゃないか。それにそういった製品廃棄物についてのノウハウを持っているのも生産者じゃないか。そうであるなら、生産者にも一定の責任を負ってもらおう、という考え方でしたね。

BUN：そうですね。この理屈は排出者が一般国民のときは実感しやすいと思いますが、産業廃棄物についても同じことがいえるでしょう。そのため、省令規定段階では一般廃棄物にだけ明記していた「適正処理困難物」の規定でしたが、その省令を外した上で、一般廃棄物、産業廃棄物まとめて、この広域処理認定制度に移行したといえるのではないでしょうか。

リサ：では、広域処理認定制度の起源、先祖をたどれば平成4（1992）年頃の省令規定、さらに平成6年に「適正処理困難物」と明記された号が原点としておきますか。

BUN：そして法律の制度としては平成15年に一般廃棄物は第9条の9、産業廃棄物は第15条の4の3として独立したってところが妥当かなと思っています。

サプライチェーン（供給者）が主体

POINT

● 拡大生産者責任の理念の下、原則、生産者が認定を受ける制度
● 原則、認定を受けた生産者の廃製品しか扱えない。
● 同業生産者による組合、社団等により認可を受け、傘下の多数のサプライチェーン（供給者）が許可不要者になる運用もあり
● 産業廃棄物については契約書は必要。法定の管理票は不要だが、実質、同等の管理システムが要求されている。

リサ： 再生利用認定と広域処理認定制度の違いとして、既に処理施設設置許可の要不要は出ていますが、ほかにはありますか。

BUN： 広域処理認定制度は前述のとおり拡大生産者責任を理念として持っていることから、認定に当たっては製品の製造者や販売者が申請の中心人物にならないといけない、としているようです。省令の条文を見てみると分かります。

廃棄物処理法施行規則

（広域的処理に係る特例の対象となる一般廃棄物）

第6条の13 法第9条の9第1項の規定による環境省令で定める一般廃棄物は、次の各号のいずれにも該当する一般廃棄物として環境大臣が定めるものとする。
　一　通常の運搬状況の下で容易に腐敗し、又は揮発する等その性状が変化することによつて生活環境の保全上支障が生ずるおそれがないもの
　二　製品が一般廃棄物となつたものであつて、当該一般廃棄物の処理を当該製品の製造（当該製品の原材料又は部品の製造を含む。）、加工又は販売の事業を行う者（これらの者が設立した社団、組合その他これらに類する団体（法人であるものに限る。）及び当該処理を他人に委託して行う者を含む。以下「製造事業者等」という。）が行うことにより、当該一般廃棄物の減量その他その適正な処理が確保されるもの

リサ： なるほど。2号に「製品が一般廃棄物となつたもの」で「当該製品の製造、加工又は販売の事業を行う者」とありますね。これは産業廃棄物についても同様の規定なんですか？

BUN： はい、この点は産業廃棄物も同じなんですが、一点だけ一般廃棄物とは違う箇所があるんです。

リサ： ほー、どこでしょう？

BUN： 一般廃棄物は前述のとおり「環境大臣が定めるもの」とありますが、産業廃棄物についてはこの文言がないんです。なお、この点は後で改めて取り上げましょう。

リサ： 具体的な認定者について確認しますが、再生利用認定制度の多くは現実的にはセメント工場が受け皿になっていて、セメント会社は廃

タイヤや肉骨粉の製造や販売に関わっているわけではないが、セメント会社が認定を受けている。広域処理認定制度はこのようなスタイルではないってことですか？

BUN：そうですね。実際の処理自体は専門の処理業者に任せてもいいのですが、認定の主体はあくまでも製造者ということです。例えば、広域処理認定を受けているものの一つに消火器があるのですが、認定を受けている主体は一般社団法人日本消火器工業会です。

リサ：メーカーそのものじゃないんですか？

BUN：オートバイや乳母車等、個々のメーカーが受けているものも多いのですが、消火器についてはメーカーの集まりである「工業会」で受けているんですね。というのは、前述のとおり広域処理認定制度は「拡大生産者責任」の理念があるものですから、廃棄物になった「物」の生産者にやってもらおう、言葉を変えれば生産や販売に携わらなかった人物は、その処理にも携わる理由がないよね。そういう人たちは原則どおり処理業の許可を受けてやってください、ということなんですね。ところが、この理屈を原理原則どおり通すとなると今の日本では困ったことが起きてきます。

リサ：消火器を製造している会社は1社じゃないってことですね。

BUN：そうなんです。A社はA社が製造した消火器しか処理できない。B社はB社が製造した消火器しか処理できない。寡占化が進んで生産会社が1社とか2社ならなんとかなるんでしょうけど、廃棄するときって自分が生産した廃棄物しか扱えないのでは進みません。そこで、生産者の団体として認定を受けることによって拡大生産者責任の理念と許可不要とする制度の帳尻を合わせている、とでもいえるのかもしれませんね。

リサ：国民としては、適正に処理してくれるのであれば、扱う人は誰でもよいと思っちゃいますが、そこがやはり許可制度の特例ってことなんでしょうね。

BUN：消火器に関しては現在国内には約10社ほどメーカーがあるようですが、廃消火器については前述の（一社）日本消火器工業会で認定を受け、この工業会加盟の会社で製造した消火器については、工業会の傘下にある全国の販売店等約4,000社が「廃消火器に関しては収集運搬業の許可がなくても」回収を行っています。

なお、あくまでも「許可不要制度」ですから、後の回で取り上げることになる「下取り」とは異なり、処理料金を徴収することも可能です。現実には「リサイクル料金」として小型の消火器の場合は1本600円程度のようです。

リサ：「処理料金」となると、ついて回るのは委託契約書とマニフェストですが、どのような規定になっているんですか。

BUN：これは再生利用認定制度も同じですが、広域処理認定制度も産業廃棄物である場合は、委託契約書は必要になります。マニフェストについては廃棄物処理法上の「産業廃棄物管理票」は不要なのですが、認定に当たり、法定の管理票と同等の管理システムが求められているようです。一般廃棄物である場合は、そもそも委託契約書は法定規定はありませんので、法律上は不要、マニフェストも正式名称が「産業廃棄物管理票」というくらいですから、一般廃棄物のときは不要です。ただ、前述のとおり現実的には認定に当たり同等の管理が求められているようです。

実際の認定

POINT

● 広域処理認定制度は一般廃棄物については大臣告示で規制されるが、産業廃棄物には大臣告示はない。
● 対象一般廃棄物の告示品目は漸増し3品目から14品目
● 実際の認定事業は、ここ10年ほどは大きな変化はない。

リサ：では、いよいよ、広域処理認定制度がスタートした後の変遷になりますが、いつの時代に何がありましたか？

BUN：まず、先ほどの宿題である一般廃棄物にはあるが産業廃棄物にはない「環境大臣が定めるもの」についてお話ししましょうか。

　広域処理認定制度の一般廃棄物については、再生利用認定制度と同様に大臣告示により、いわゆる箍_{たが}をはめています。一方、産業廃棄物にはこの告示による制限がありません。

リサ：どうしてそのような違いを作ったのでしょう？

BUN：やはり、再生利用認定制度のときに述べた付帯決議の趣旨でしょう。

リサ：本来許可制度を作っているんだから、野放図な認定は慎むように、みたいな話でしたね。

BUN：はい。一般廃棄物については適正処理困難物の理念が継続していますから、枠をはめておいて、一方で産業廃棄物については拡大生産者責任の理念により枠をはめずに広く認めていこう、という考えかと思います。

　ですので、一般廃棄物については大臣告示の改正を追っていけば品目の追加を確認できるのですが、産業廃棄物についてはそれがありませんので、具体的に認定になった「事業数」しか

見ようがありません。加えて、この認定状況は申請を受けて認定していくという作業ですから、刻一刻と変化するので経年変化を追うのはなかなか難しいです。

リサ：しょうがないですね。では、分かる範囲で「いつできた？」を紹介してください。

BUN：まず、平成15年、制度スタート時点の一般廃棄物広域処理認定は大臣告示で①スプリングマットレス、②パソコン、③バッテリーの三つが規定されています。具体的な認定件数は不明。産業廃棄物は告示はなく、制度がスタートして約1年後の平成16（2004）年8月の時点ではパチンコ台、クリーニングハンガー、石膏ボード等32事業が認可されていたようだね（「どうなってるの？　廃棄物処理法」初版から）。

リサ：それ以降はどうですか？

BUN：平成16年に対象一般廃棄物として開放型バッテリーとオートバイが追加になり、平成18（2006）年までにFRP船、消火器、火薬類、平成20（2008）年までにプリンターと携帯電話、平成24（2012）年までに乳母車、ベビーベッド、チャイルドシート、令和3（2021）年に電子タバコが追加になり、現時点で大臣告示品目は14になっています。

リサ：スプリングマットレスやFRP船は昔の再生利用認定制度（44ページ右段）のときにも登場しましたね。適正処理困難物の制度を引き継ぐ制度としては、理解しやすいです。乳母車、ベビーベッド、チャイルドシートが追加されたのはどういう趣旨なんでしょうか？

BUN：許可不要制度の一つに「下取り」（102ページ）がありますが、下取りには五つの条件がありまして、その一つとして「同種の新品を購入する際」というのがあるんです。いわゆる「買い換え」ですね。

リサ：あっ、なるほど。乳母車やベビーベッドが要らなくなるのは古くなったり、壊れたりして買い換えるってパターンは滅多にないですね。大抵は子供が大きくなって要らなくなる。下取りのルートには乗りにくいってことですね。

BUN：それで平成24年に3品目追加したようです。

リサ：では、具体的な認定事業数は、産業廃棄物のほうも含めてどのような推移でしょうか。

BUN：私が個人的に記録していた件数ですが、次のようですね。一般廃棄物広域処理認定は、平成24年時点で64件、令和5（2023）年時点で48件、前述のとおりパソコン、オートバイ、消火器、FRP船など家庭生活から排出される「適正処理困難物」がほとんどのようです。

　産業廃棄物広域処理認定は、平成24年時点で188件、令和5年時点で206件。石膏ボード、衛生陶器、ヘルメット等千差万別です。

リサ：この数字を見ると「ほぼ落ち着いている」といえそうですね。

第❷章

廃棄物処理法独立条文編
第4回　無害化認定

無害化認定の概要と制度成立までの経緯

POINT

- 対象の廃棄物は石綿（アスベスト）とPCBだけ
- 処理業許可も処理施設設置許可も不要となる制度

リサ： 残る大臣認定制度は、全体図で見ると「無害化認定」のようですね。これはいつできた制度なのですか？　制度の概要も併せて解説してください。

BUN： 大臣無害化認定制度ができたのは平成18（2006）年で、再生利用認定制度と同様に、処理業許可と処理施設設置許可を不要とする制度です。対象になっている廃棄物は、現在は石綿（アスベスト）と「低濃度PCB」。ただし、一般廃棄物については石綿含有一般廃棄物だけです。処理の方法は石綿（アスベスト）は「溶融」、「低濃度PCB」は「焼却」だけです。

図表1（再掲）　現在の廃棄物処理業許可不要制度

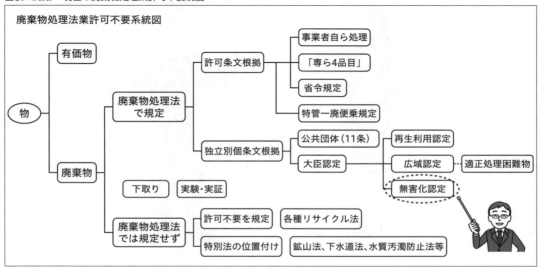

リサ：なぜこの「無害化」というのを大臣認定にしなければならなかったのですか？

BUN：結論からいえば、処理方法が一律には規定できない。再生利用認定制度と同じように処理施設設置許可を不要としたいがアウトプットは「再生」とは言い難い。そこで「無害化」という第3の認定制度を創設した、ということでしょうね。

リサ：では、具体的にそのように至った経緯などを教えてください。

BUN：無害化認定の対象であるアスベストの害は昔からある程度知られていて、昭和62（1987）年の時点でも「アスベスト（石綿）廃棄物の処理について」という通知が出されています。

リサ：平成4（1992）年からスタートした特別管理制度の中でも「廃石綿等」は当初から特別管理産業廃棄物に規定されていましたね。

BUN：はい。ですからリスクがあることは十分承知の上だったのですが、一方で「燃えない」「化学変化しない」等の素材としては使い勝手のよいものであったことから、なかなか強力な施策はしないままになっていたといってよいでしょう。ところが、平成18年の少し前から、特に飛散性のアスベストを吸い込むことにより罹患してしまう中皮腫等の肺疾患がクローズアップされました。そこで、平成18年に廃棄物処理法や大気汚染防止法等を改正し厳しい規制をすることになったのです。

リサ：現在では、契約書やマニフェストについても、石綿含有産業廃棄物は特別扱いですね。で、どうして一般廃棄物だけ「石綿含有」だけなのですか？

BUN：アスベスト廃棄物で特管物になるのは産業廃棄物の「廃石綿等」だけなんですね。というのは、アスベストのリスクはその形状にあります。形はストローの両端をカッターで斜めに切ったような管状です。大きさは髪の毛の

5,000分の1程度です。中空の上にとても小さいので、一旦飛び散ってしまうといつまでも空中を飛散していてなかなか沈みません。それを人が吸い込んでしまうと、肺の奥底まで入っていき肺胞に突き刺さり、長い潜伏期間の後に中皮腫などの病気を引き起こす、これがアスベストのリスクです。

リサ：飛散して吸い込むから危ないわけですね。

BUN：そうです。これを飛散性石綿と呼び、これが特別管理産業廃棄物の「廃石綿等」です。一方、石綿含有廃棄物というのは、衝撃や火災等に強くなるように、アスベストを塗り込めているスレート板や石膏ボードです。塗り込めていますから、通常は飛散しません。だから、リスクは格段に違うわけです。そこで、石綿含有廃棄物は普通の廃棄物、廃石綿等は特管物としたわけです。では、飛散しやすいアスベストが通常の日常生活から発生するかというとまずは出てきません。

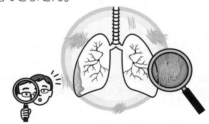

リサ：そうですねぇ。今のお話ですと、リスクの高い（≒飛散性の）アスベスト廃棄物は、建築物の解体工事やアスベストを原料として使っている工場などからしか出てこないでしょうねぇ。

BUN：そのためアスベスト廃棄物は、産業廃棄物には「廃石綿等」という特別管理廃棄物があるのですが、一般廃棄物には特管物になるアスベスト廃棄物は規定していないんです。

リサ：それで、一般廃棄物は普通の廃棄物である「石綿含有一般廃棄物」だけなんですね。PCB廃棄物のほうはどうなんですか？

BUN：PCBは昭和47（1972）年まで製造されたテレビ、エアコン、電子レンジの部品であるコンデンサ等にも使用されていました。こういった家電製品が家庭から排出されれば一般廃棄物ですから、理屈としては一般廃棄物としてのPCB廃棄物も存在はしています。しかし、現実には今や前述の家電はほぼ廃棄されてしまったでしょう（以前は粗大ごみとして出された該当製品は取り置きしていて、メーカーが該当部品を抜き取っていたらしい）。

リサ：そのため、PCB廃棄物としては今や一般廃棄物は「ほとんど」存在しないので、無害化認定の対象にはしていない、ということですか。

　さて、それでは「許可不要制度」の話に戻りますが、そもそも、なぜ、原則的な許可制度ではやれなかったのでしょうか？　15条処理施設設置許可には「廃石綿等の溶融施設」がきっちりと規定されていますよね？

BUN：それについては、この制度がスタートしたときの施行通知に記載してあります。

廃棄物の処理及び清掃に関する法律等の一部改正について

（平成18年8月9日環廃対発第060809002号・環廃産発第060809004号環境省大臣官房廃棄物・リサイクル対策部長通知）

第1　無害化処理認定制度について

1　改正の趣旨

　…無害化処理にはいくつかの方法があるが、施設の種類、炉内温度、投入物の混合割合等の異なる条件の組み合わせから成る新たな技術であるため、安全な無害化処理を円滑に進めるためには、環境大臣が個々の施設と処理方法ごとに安全性を確認し、迅速に施設の設置を進めることを通じて、政策的に促進することが必要となっている。これを踏まえ、今般、無害化処理認定制度を創設することとしたものである。

リサ：なるほど。技術革新が著しい分野なので、一律の構造基準、維持管理基準の適用はふさわしくない。かといって都道府県の独自の審査でそれが早急に対応可能かとなると、難しい。ここは国が直接審査をやりましょう、ということですかね。

BUN：そうですね。一例としては15条の「廃石綿等の溶融施設」の構造基準、維持管理基準として「温度1,500℃以上」という規定があります。通常、普及している技術ではアスベストを溶かすにはこのくらいの温度が必要ということです。ところが、ある特許技術を使うことにより1,200℃くらいでも十分に溶融することが可能なんだそうです。

リサ：個別の企業が持っている特許技術を法令の一律基準にはなかなかできないでしょうね。そうなると、その手法はその特許技術を使える企業だけとなりますからね。そこで大臣の認定、ということですか。

BUN：そうですね。残念ながら一言で「都道府県」とはいうものの、東京都のように財政豊かな自治体もあれば、世田谷区よりも人口が少ない県もあります。そういった、職員も予算も少ない県で特許になるような先端技術の審査を任せられるのはやはり荷が重いという現実もありますね。

制度成立後の経緯

POINT

● 微量PCB、低濃度PCBの追加

● 対象PCBの拡大

● 石綿溶融の認定はほとんどないのが現状

リサ：制度スタート以降の無害化認定の経緯はどうですか？

BUN：平成18年に一般廃棄物は石綿含有一

般廃棄物、産業廃棄物は石綿含有産業廃棄物と特別管理産業廃棄物である「廃石綿等」の溶融でスタートしました。平成21（2009）年に法律、政省令の改正はないのですが、大臣告示により「微量PCB油」を追加しました。さらに、平成24（2012）年に「低濃度PCB」を追加しました。

リサ：ちょっと待ってください。この「微量PCB油」とか「低濃度PCB」って何ですか？確か、廃棄物処理法ではPCB廃棄物は「廃PCB等」「PCB汚染物」「PCB処理物」の三つって教わったように記憶しています。「微量PCB油」とか「低濃度PCB」はこれとは違うんでしょうか？

BUN：これを正確に解説すると丸一日くらいかかるので、厳密性は犠牲にして概略を説明します。確かに廃棄物処理法の政令では「廃PCB等」「PCB汚染物」「PCB処理物」の三つを規定しています。

「廃PCB等」とはPCBそのもので油の状態。高濃度のものでは100％（PCBそのもの）まであるそうです。「PCB汚染物」とは金属や紙にPCBが付着したもの。「PCB処理物」とはルールに従った手法でPCBを処理したんだけど、その結果、まだPCBが残っている、いわばPCB廃棄物を「卒業できない」「落第生」です。

「微量PCB油」とは、昭和の終わりから平成のはじめ頃、廃油を再生処理する工場にPCB廃油が10万本に1本レベルで紛れ込んだ。そのため、再生油はPCBに汚染されてしまった。濃度は10万分の1になったけど、量は10万倍になってしまったわけです。この「非意図的に」発生してしまったものは、通常、極めて濃度が薄いので、そのようなPCB廃棄物を「微量PCB」と呼称しています。

リサ：では、「微量PCB」は具体的な濃度、数値は規定していないのですか？

BUN：はい。ポイントは「非意図的」であり

具体的な濃度の規定はありません。現実的にはほとんどは数PPM（100万分の1）レベルといわれていますが、極めてまれに数％のものもあるやに聞いたことがあります。「低濃度PCB」ですが、これはまさにこの無害化認定施設の処理対象としようということで設定したもので5,000mg/1Kg以下のものとしていました。この「低濃度PCB」のうち、紙くず、木くず等の可燃性の汚染物等については、令和元（2019）年に10万mg/1Kg以下と範囲を拡大しています。

リサ：理系じゃないと分かりにくいなぁ。ええと、5,000mg/1Kgというと5g/1,000gということは0.5％ってことですか。10万mg/1Kgは10％。一気に20倍まで上げたんですね。「低濃度」とはいうものの、有害物の含有濃度としては結構な高濃度ですね。

BUN：そんな、分かりやすい表現にしちゃだめだよ。PCBの処理は、昔から分かりにくく、分かりにくく表現してきたんだから。でも、まぁ、ここにきて処理のめどが付いてきたから、分かりやすくしてもよくなったのかもしれませんね。PCBといえども化学物質であり、油です。化学反応で塩（ナトリウム）を引っぺがせば、無害な油になりますし、排ガスに塩素化合物が出ないようにさえしなければ焼却することも可能です。技術や知見が進んで、しっかりした構造の焼却炉でちゃんとした焼却を行えばダイオキシンも発生せずに処理できることが分かってきたんですね。ちなみに、「低濃度」という文言は大臣告示の中にも登場しませんし、PCB特措法では現在はちゃんと「高濃度」という表現をとっています。

リサ：それで「低濃度」と「微量」のPCBは無害化認定を受けた民間の焼却炉でも受入れができるようにしたんですね。現在、この無害化認定を受けている施設はどのくらいあるんですか？

BUN：令和5（2023）年の時点でPCB無害化認定は31施設、ちなみに15条の設置許可をとっているのは2施設（重複あり）のようですね。

石綿の無害化認定施設は平成26（2014）年の時点で2施設ありましたが、執筆時点で環境省のホームページが更新されていませんので、それ以降状況が分かりません。いずれにしても、こちらはあまり活用されていないようです。

リサ：せっかく作った制度なのにもったいないですね。

BUN：以前、処理している業者さんから聞いたところでは、アスベストが溶融する高温では溶融炉の損傷も多いのだそうです。アスベストは溶融のほかに密封梱包しての埋立ても選択肢にあることから、経済的理由によりそちらの処理ルートに回っているのかもしれません。

まとめノート

公共団体

▶**昭和46（1971）年**　廃棄物処理法施行、当時第10条（現第11条）で、①事業者の責務、②市町村による「合わせ産廃」、③都道府県の「広域的産業廃棄物処理」を規定
「事務として行うことができる」規定であるが、この規定を根拠に、

・市町村による「合わせ産業廃棄物」の処理
・都道府県による産業廃棄物の処理は許可不要として運用

▶**平成12（2000）年**　都道府県による「広域的産業廃棄物処理」から「広域的」という文言、概念を外す

大臣再生利用認定

▶**平成9（1997）年**
・厚生大臣再生利用認定制度が創設。法改正時に「厳格に運用する」旨の付帯決議。処理業許可とともに処理施設設置許可も不要とする制度
・一般廃棄物「廃ゴムタイヤ」、産業廃棄物「廃ゴムタイヤ」「汚泥」を大臣告示で規定

▶**平成12（2000）年**　構造改革、規制緩和の風潮の中、一般廃棄物、産業廃棄物ともに「廃プラスチック類」を追加

▶**平成13（2001）年**
・省庁改革により、厚生大臣認定を環境大臣認定に変更
・一般廃棄物に「廃肉骨粉」を期限限定で追加。その後、何回か期限延長され今日に至る。

▶**平成17（2005）年**　産業廃棄物に「廃肉骨粉」

を期限限定で追加。その後、何回か期限延長され今日に至る

▶**平成18（2006）年**　「廃ゴムタイヤ」の文言を「廃ゴム製品」に変更。タイヤ以外の「ゴム製品」も可能に

▶**平成19（2007）年**　省令で規定している「認定の対象にしない」三つの事項の一つである「生活環境保全上の支障のおそれがあるもの」に括弧書で「資源として利用することが可能な金属を含むものを除く」を追記した。

▶**平成22（2010）年**　法律改正により変更認可、軽微変更届、国の立入検査権限等の明確化を行った。
　※なお、表現は略記です。廃ゴム製品、廃プラスチック類等は、種々の条件や「再生利用の内容」等も告示等で示されています。

広域処理認定

▶**平成6（1994）年**　一般廃棄物処理業許可不要として省令規定に「適正処理困難物」が登場

▶**平成15（2003）年**
・大臣広域処理認定制度が創設される。

- 一般廃棄物の適正処理困難物の理念と拡大生産者責任の理念で創設された制度
- 一般廃棄物については大臣告示の規定があり3品目。産業廃棄物は告示の規定なし

▶**平成24（2012）年**　一般廃棄物の大臣告示を

13品目に拡大

▶**令和3（2021）年**　14品目に拡大

▶**〜令和**　ここ10年ほどは一般廃棄物認定事業約60、産業廃棄物約200で「落ち着いている」状況

無害化認定

▶**平成18（2006）年**

- 環境大臣無害化処理認定制度の創設
- 処理業許可とともに処理施設設置許可も不要とする制度
- 法律条文上は「石綿廃棄物」を対象。具体的な品目は大臣告示で規定
- 一般廃棄物は「石綿含有一般廃棄物」、産業廃

棄物は「石綿含有産業廃棄物」と特別管理産業廃棄物である「廃石綿等」を規定

▶**平成21（2009）年**　大臣告示により産業廃棄物の「微量PCB」を追加

▶**平成24（2012）年**　「低濃度PCB」を追加

▶**令和元（2020）年**　対象となる一部のPCB廃棄物を濃度10％まで拡大

第 3 章

廃棄物処理法以外編

廃棄物処理法以外編
第1回　各種リサイクル法

各種リサイクル法全体図

POINT
- ●各種リサイクル法は廃棄物処理法の特別法。分家
- ●廃棄物の処理をやらないリサイクルはあり得ない
- ●現在のリサイクル法は、容器包装、家電、食品、自動車、小型家電、建設リサイクル法の六つ

●建設リサイクル法は許可不要制度はなし。パソコンの許可不要は大臣広域認定制度

リサ：ここまで、廃棄物処理法で規定している「現在の廃棄物処理業許可不要制度」を見てきたわけですが、今回はどこから話を進めますか？
BUN：今回からいよいよ廃棄物処理法を離れて各種リサイクル法に入りましょう。
リサ：ちょっと待ってください。他法令まで取り上げるのは、風呂敷の広げすぎではないですか。

図表1（再掲）　現在の廃棄物処理業許可不要制度

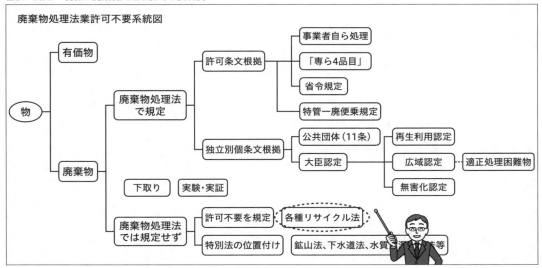

BUN：いやいや、そうではありません。ここまで見てきたとおり廃棄物処理法の中でも「許可不要」という制度がいくつかありました。廃棄物処理法の中だけで自己完結しているなら、それで済むのですが、実は廃棄物処理法以外でも「廃棄物処理法の許可は不要である」と規定している制度があるのです。ですから、これを知っておかないと廃棄物処理法を理解したことにはならないのです。

リサ：「無許可だ」と思ったら、別のところで「やっていいよ」と横やりが入るようなものですか。しょうがないですね。

BUN：（結構うるさいやつだなぁ）では、あくまでも「廃棄物処理法の許可不要」という視点で紹介していきたいと思います。

リサ：そもそも、なぜ、ほかの法律で廃棄物処理法の許可不要なんてことを決められるんでしょうか。いってみれば「治外法権」なんじゃないですか？

BUN：それは各種リサイクル法は、廃棄物処理法の特別法という位置付けという要素が強いからだと思います。そもそも、「リサイクル」って何だと思いますか？

リサ：これは先生のお得意の理論ですね。何回か聞きました。確か、インプットは廃棄物でアウトプットは有価物、それがリサイクルだって理屈ですね。世の中には納得していない人もいるようですが。

BUN：でも、改めて考えてみてください。原料がそもそも有価物でスタートしたら、アウトプットをいくら値の高い物に仕上げたとしても、それは単なる「加工業」ですよね。一方、アウトプットが廃棄物のままだったら、リサイクル、再生とは呼ばないでしょ。これでご理解

いただけると思うのですが、「リサイクルというのは確実に廃棄物の処理」なんです。廃棄物の処理をやらないリサイクルはあり得ないのです。

リサ：だから、各種リサイクル法は「廃棄物処理法の分家」ってことですか。全くの無関係者ではない。だから、本家の制度に口を挟めるって、ことですかね。

BUN：まぁ、そんなところでしょう。

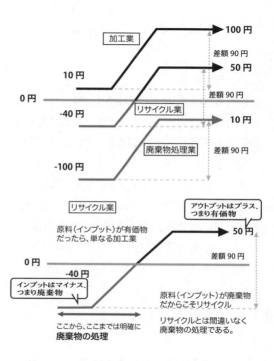

リサ：分かりました。では、とりあえず現在の各種リサイクル法にはどのようなものがあるか紹介してみてください。

BUN：図表2を見てください。最初に紹介した「現在の廃棄物処理業許可不要制度」の「各種リサイクル法」にさらに続く小枝だと思ってください。

リサ：容器包装、家電、食品、自動車、小型家電の五つのリサイクル法にプラ資源循環法ですか。建設リサイクル法だけは別出しになっていますし、パソコンリサイクル法は表示されてい

図表2　廃棄物処理法業許可不要系統図

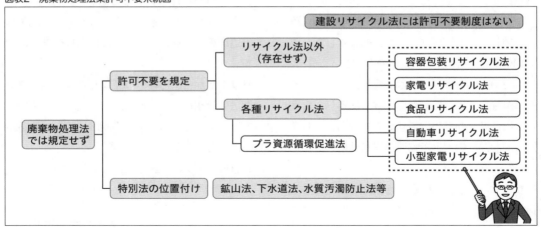

ないようですが。

BUN：「建設リサイクル法」というリサイクル法はあるのですが、このリサイクル法は廃棄物処理法の許可不要となる規定はないので、別出しにしました。

　また、世間では「パソコンリサイクル法」という独立した法律があると思っている方がいらっしゃいますが、パソコンは前回紹介した環境大臣広域処理認定制度により許可不要としているもので「パソコンリサイクル法」という法律はありません。オートバイやプリンターのリサイクルも同様です。

各種リサイクル法のスタート

POINT

●平成3年大改正により、「目的」に「再生」を明記

リサ：分かりましたから、早速始めてください。いつの時代から話を進めますか？

BUN：平成3（1991）年の大改正にしたいと思います。この改正のときに廃棄物処理法の「目的」を変えました。確認しておきましょう。

廃棄物処理法

改正前

（目的）

第1条　この法律は、廃棄物を適正に処理し、及び生活環境を清潔にすることにより、生活環境の保全及び公衆衛生の向上を図ることを目的とする。

改正後

（目的）

第1条　この法律は、廃棄物の排出を抑制し、及び廃棄物の適正な分別、保管、収集、運搬、再生、処分等の処理をし、並びに生活環境を清潔にすることにより、生活環境の保全及び公衆衛生の向上を図ることを目的とする。

リサ：これはいろんな本にも出てくる話ですね。それまでの「適正処理」が、「排出を抑制し、及び廃棄物の適正な分別、保管、収集、運搬、再生、処分等の処理」と変更された。一般には、「排出抑制」と「再生」という概念が追加された、といわれているようですね。

BUN：今回注目するのは「再生」です。では、目的に「再生」とうたったのに、廃棄物処理法

そのもので具体的な「再生」という施策がなされたか？　です。

リサ： このシリーズで今までに、許可条文「ただし書」省令規定や平成9（1997）年からスタートした「大臣再生利用認定」に登場していたと思います。

BUN： そうですね。ただ、そういう制度も個々の事案の申請があって初めて、個々の申請者に認めていく、という制度です。そもそも、なぜ許可制度という厳しいルールが必要かといえば、廃棄物というのは潜在的にリスクを背負っている「物」であることから、何の知識、何の機材も持っていない人にはやらせない、ということでしたね。しかし、それでは平成3年に目的とした掲げた「再生」はなかなか進みません。そこで、リスクが少ない廃棄物、すなわち、再生の技術や体制が確立された廃棄物について一括して、原則的な廃棄物処理法の許可を免除しようという面が各種リサイクル法にはあるんです。

リサ： ほぉ、本家では原則があってなかなかやりにくいから、できのよいところを分家させて、そちらでやらせようってことですか。

容器包装リサイクル法

BUN： まぁ、そんなところかな。で、各種リサイクル法で最初にできたのが容器包装リサイクル法です。容器包装リサイクル法（正式名称「容器包装に係る分別収集及び再商品化の促進等に関する法律」）は、平成7（1995）年から施行されました。

リサ： 私の家でもペットボトルなどは分別して出しています。

BUN： 当時、一般廃棄物の最終処分場、すなわち市町村の埋立地ですが、残存容量が少なくなり、切羽詰まっていました。家庭系の一般廃棄物を分析してみると、容積比では約60％が容器包装廃棄物だったんです。それで、一般住民である消費者には分別して排出してもらい、今までどおり市町村が分別収集し、そこから以降の処分方法を変えることを目指したんです。

リサ： 要は埋立量を減らしましょう。そのために排出者も市町村も事業者もそれぞれの立場で、それまでより努力しましょうってことですね。で、市町村によって集められた容器包装廃棄物のその後のルートは？

BUN： ここからが容器包装リサイクル法独自のルート（**図表3**）になるわけで、市町村は公益財団法人日本容器包装リサイクル協会という、容器包装リサイクル法で規定している「指定法人」と契約して引き渡すことになります。

リサ： 「契約して引き渡す」ってことは、そうしなくてもいいってことですか。

BUN： そういうことですね。制度スタート時には規定された分別率が達成できずに、制度に参加できない市町村も多かったんですよ。

リサ： 例えば、どんなことですか？

BUN： 当初、ガラスビンのリサイクルはガラスの原料とするリサイクルが多く、ホウ酸ガラスという化粧ビンに使用されているような特殊なガラスが0.1％未満でも混入すると受け取ってもらえない、といった厳しいものでした。

リサ： リサイクルの第一歩は分別排出ですか

図表3　容器包装廃棄物のルート

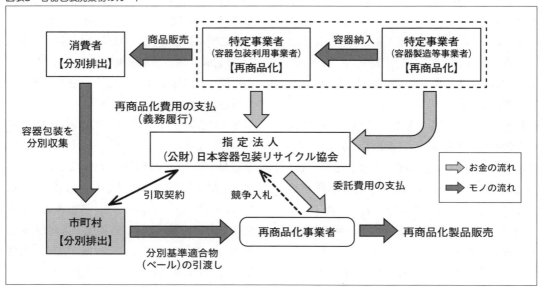

ら、やむを得ないことではありますが、排出者が一般住民となるとわずかに不心得者がいたりすると達成できなくなってしまいますね。

BUN：その後のリサイクル技術の進歩やガラスくずをガラスの原料ではなく、細かく砕いて砂利代わりに使う等のリサイクルも進んだので、現在はこれほど厳しい基準ではなくなりましたが。でも、この制度に参加することは市町村としてはメリットは大きかったと思います。

リサ：そりゃそうですよね。リサイクルをしなければ自分の埋立地がどんどん減っていくわけだし、リサイクルをやろうとしても独自の処理施設を整備するのは大変でしょうから、多少目先のお金がかかったとしても、手間暇がかかったとしても参加したほうが得ですよ。

BUN：制度参加の市町村の割合ですが、無色のガラスビンでは制度スタート直後の平成9年には約50％だったものが10年後の平成18（2006）年には95％、ペットボトルは平成9年に19％だったものが平成18年では96％になったことでも明白でした。また、このリサイクル法は追い風になったほかの要因もあったよ

うです。

リサ：ほー、どんなことでしょう？

BUN：それは「世界経済」、特に中国がとても景気がよかったんです。北京オリンピックの数年前から、中国は何でも買ってくれたんです。

リサ：そうでしたねぇ。そんな時代もありましたねぇ。それが容器包装リサイクル法とどんな関係があるんです？

BUN：日本では「要らないよ」と廃棄される紙くず、空き缶、空きペットボトル、こういった「物」を中国は買ってくれるようになったんです。特に選別がきっちりされている状態の物は高値で買ってくれました。だから、容器包装リサイクル法がスタートする前の時代には埋立地に入っていた「物」が、中国に買い取られるようになったんです。いわば、「集めるだけ」で廃棄物が有価物に変わる時代になったんです。

リサ：それは集める市町村としてもモチベーションが上がりますね。

BUN：そのため、多少の異物混入があっても受け取ってもらえるようになり、これがさらに

容器包装廃棄物のリサイクル率を高めました。

リサ：今でも、古紙などは「持ち去り」問題があるくらいですからね。

BUN：ところが、このことが容器包装リサイクル法の制度を根幹から揺るがす要因ともなったんです。

リサ：というと？

BUN：当初の制度としては、市町村は「今までどおり各家庭から廃棄物となった容器を回収する」、それを（公財）日本容器包装リサイクル協会が「処理委託を受けて」、実際にリサイクルをやる業者と入札や相見積もりをやり、より「安く処理してくれる」業者に再生処理をさせる。というものでした。

　ところが、前述のとおり集めるだけで有価物として売れる、という時代に突入してしまったために、なにも（公財）日本容器包装リサイクル協会を使わなくても、民間業者が「買い取ってくれる」じゃないか、となってしまったんです。もちろん、全ての容器包装廃棄物じゃないですけどね。

リサ：なるほど。自分の埋立地を減らさずに済むけどそれなりにお金はかかる、という処理ルートと、さらに買い取ってくれる、というルートでは人情としては、いくらかでももうかるルートに乗せたいとなるでしょうね。

BUN：特に市町村は公共団体ですから、住民や議員さんに、「支出を抑えられる上に、収入にもなるルートがあるではないか。なぜ、そっちを選択しないのか」といわれれば、理想や理念だけでは持ちこたえられませんよね。

リサ：で、容器包装リサイクル法は崩壊したんですか？

BUN：いえ、平成20（2008）年からは「合理化拠出金」というのが市町村に支払われる制度ができています。これは容器包装リサイクルルートに協力してくれた市町村には、それなりのお金を支払う、という制度です。

リサ：へぇ〜、ところで本書は「許可不要制度」ですので、この辺で容器包装リサイクル法の許可不要制度を紹介してください。

BUN：そうでしたね。許可不要者の紹介前に、本来であれば許可が必要な人物を確認しておきましょう。まず排出者、容器包装廃棄物の場合は、一般住民になりますが、これは原則どおり許可は不要です。次に、これを収集運搬する人物が市町村（直営）であれば、これも一般廃棄物処理の原則どおり許可は不要。

リサ：市町村の委託業者も省令規定により許可不要でしたね。

BUN：ここからです。市町村によって集められた容器包装廃棄物は一般廃棄物ですから、これの処理に携わる人間は本来許可が必要となるわけですが、容器包装リサイクル法により、①（公財）日本容器包装リサイクル協会と②（公財）日本容器包装リサイクル協会から委託を受けて実際にリサイクル、すなわち廃棄物の処理を行う業者は許可不要、と規定しています。

　また、事例としては少ないのですが、（公財）日本容器包装リサイクル協会のお世話にならずに、「自分の容器包装廃棄物は自分で回収する」という製造者、販売者もいて、これも一定の条件で認められていて、これらの人たちも許可は不要になります。

リサ：本来の排出者は消費者ですから、いくらもともとの製品の製造者、販売者であっても一般廃棄物処理業の許可が必要なんだけど、これを許可不要としているってことですね。

容器包装リサイクル法

（廃棄物処理法の特例等）

第37条　指定法人、認定特定事業者又はこれらの者の委託を受けて分別基準適合物の再商品化に必要な行為（一般廃棄物の運搬又は再生に該当するものに限る。）を業として実施する者（当該認定特定事業者から委託を受ける者にあっては、第15条第2項第6号に規定する者である者に限る。）は、廃棄物処理法第7条第1項又は同条第6項の規定にかかわらず、これらの規定による許可を受けないで、当該行為を業として実施することができる。

リサ：あれ？　この条文を見ると「一般廃棄物に限る」「廃棄物処理法第7条第1項又は同条第6項の規定」だけで、第14条の産業廃棄物に関する事項がないようなんですけど。

BUN：そのとおりです。そもそも、容器包装リサイクル法の対象にしている廃棄物は、住民から排出される一般廃棄物だけを対象にしています。産業廃棄物は対象外。したがって、許可不要制度も一般廃棄物についてだけ規定しているんだね。このことは、後ほど紹介するプラ資源循環法のときに関わってくるので、頭の片隅に入れておいてね。

家電リサイクル法

POINT

● 特定家庭用機器（家庭用テレビ、洗濯機、冷蔵庫、エアコン）が対象
● 許可不要者として「小売業者」「製造者等」「指定法人」「指定法人の委託を受けて業として行う者」
● 小売業者から委託を受けた産業廃棄物収集運搬業者は「特定家庭用機器『一般』廃棄物」については、許可不要
● 小売業者から委託を受けた一般廃棄物収集運搬業者は「特定家庭用機器『産業』廃棄物」については、許可不要
● 指定引取場所からリサイクル工場までは、廃棄物処理法省令規定により「特定家庭用機器『一般』廃棄物」については、許可不要制度あり。「特定家庭用機器『産業』廃棄物」については、許可不要制度はない。
● 「引取義務外品」については小売業者に許可不要制度あり

リサ：次のリサイクル法は何でしょう？

BUN：次は平成10（1998）年に成立し、平成13（2001）年から本格施行された家電リサイクル法にしましょう。

リサ：これは皆さんおなじみですね。私も知っています。テレビや冷蔵庫は家電販売店で引き取ってくれるって制度ですね。

BUN：そのとおりです。ただ、この家電リサイクル法の許可不要制度は結構複雑です。

リサ：家庭から排出される家電を家電販売店が引き取るってだけなんだから、「複雑」ってことはないんじゃないですか？　家電販売店が一般廃棄物の収集運搬業の許可は不要というだけなのでは？

BUN：通称「家電リサイクル法」は正式には

「特定家庭用機器再商品化法」といって、「家庭用機器」という名称が付いていますが、家庭用として製造されたテレビ、洗濯機、冷蔵庫、エアコンの対象4品目※1であれば、事業用として使用・廃棄される廃家電もこの法律の対象になるんです。

リサ：「家庭向けに製造された製品で」という意味であって、その製品が事業所で使用、廃棄された場合でも家電リサイクル法の対象になってくるってことですか？

BUN：例えば、飲食店で客に見せるために置かれているテレビが「家庭向けに製造された製品」のときは、本法律の対象に含まれるんだ。

リサ：はぁ〜、ということは、家電リサイクル法の対象になる「物」の中には、産業廃棄物も含まれるってことですね。

BUN：そうです。したがって、許可不要制度は産業廃棄物についても規定している。

リサ：ここは容器包装リサイクル法と違うとこ

ろですね。

BUN：そうだねぇ。家電リサイクル法は容器包装リサイクル法と違って、原則的には市町村はあまり関与しない制度なんだ。

図表4は経産省のパンフレットから拝借した家電リサイクル法の大まかな流れです。図表4を参照しながら、順次家電リサイクル法に規定する許可不要の条文を見ていきましょう。

家電リサイクル法

（指定法人等に係る廃棄物処理法の特例等）

第49条 小売業者又は指定法人若しくは指定法人の委託を受けて特定家庭用機器廃棄物の収集若しくは運搬を業として行う者は、廃棄物処理法第7条第1項又は第14条第1項の規定にかかわらず、これらの規定による許可を受けないで、特定家庭用機器廃棄物の収集又は運搬（第9条の規定による引取り若しくは第10条の規定による引渡し又

図表4　家電リサイクル法の流れ

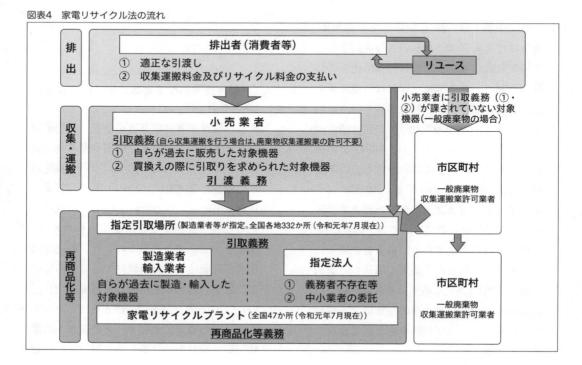

※1　冷蔵庫に関連して冷凍庫、洗濯機に関連して乾燥機等も対象です。

は第33条第３号に掲げる業務に係るものに限る。）を業として行うことができる。

リサ： 条文に従って見ていくと、第49条第１項の最初に登場するのか、「小売業者」ですね。これはいわゆる家電販売店と捉えていいわけですね。次が「指定法人」ですか？

BUN： はい、現在「一般財団法人家電製品協会」がこの指定法人になっています。でも、実際にはこの協会自体では運搬車両や処理施設を保有しているわけではなく、制度全体の管理者的存在。それで、実際に運搬の必要がある場合には、「委託」することになります。

リサ： 条文の次に書いてある「指定法人の委託を受けて業として行う者」になるわけですね。ここまでで、許可不要者３人ですね。

BUN： 次の条文に移りましょう。第49条第２項です。

> 2　第23条第１項の認定を受けた製造業者等、指定法人又はこれらの者の委託を受けて特定家庭用機器廃棄物の再商品化等に必要な行為（一般廃棄物（廃棄物処理法第２条第２項に規定する一般廃棄物をいう。以下同じ。）又は産業廃棄物（同条第４項に規定する産業廃棄物をいう。以下同じ。）の運搬又は処分（再生することを含む。以下同じ。）に該当するものに限る。）を業として実施する者（当該認定を受けた製造業者等から委託を受ける者にあっては、第23条第２項第２号に規定する者である者に限る。）は、廃棄物処理法第７条第１項若しくは第６項又は第14条第１項若しくは第６項の規定にかかわらず、これらの規定による許可を受けないで、当該行為を業として実施することができる。

リサ： 第１項は「収集運搬」でしたが、第２項は「処分」についてですね。ここでは「第23条第１項の認定を受けた製造業者等」と出てきますが、この「等」というのは？

BUN： 第23条第１項には製造者、つまりメーカーですが、現在は家電製品の多くが外国で製造されていて、それが輸入されて日本で販売されている。そうなると日本国内には製造者はいない。そのため製造者責任を規定するために第２条の「定義」で「製造等」に「製造」と「輸入する行為」としています。よって、この「製造者等」とは「製造者」と「その製品を輸入した者」となります。

リサ： なるほど。次の「指定法人」と「委託」については第１項の収集運搬と同じ考え方ですね。ということは、処分業許可については、「メーカー（輸入者含む）」「指定法人」、この２人からの「委託者」の３人が許可不要者となる。これで収集運搬と処分の両方がそろったわけですね。

BUN： でも、まだ続くんです。次の条文も見てください。

> **（一般廃棄物処理業者等に係る廃棄物処理法の特例）**
>
> **第50条**　産業廃棄物収集運搬業者（小売業者の委託を受けて特定家庭用機器廃棄物（産業廃棄物であるものに限る。以下「特定家庭用機器産業廃棄物」という。）の収集又は運搬を業として行う者に限る。）は、廃棄物処理法第７条第１項の規定にかかわらず、環境省令で定めるところにより、特定家庭用機器廃棄物（一般廃棄物であるものに限る。以下「特定家庭用機器一般廃棄物」という。）の収集又は運搬の業を行うことができる。この場合において、その者は、廃棄物処理法第６条の２第２項に規定する一般廃棄物処理基準に従い、特定家庭用機器一

般廃棄物の収集又は運搬を行わなければならない。

リサ：えーと、これは産業廃棄物業者は一般廃棄物も扱えるってことですか？　でも、いろいろと条件が付いていますね。

BUN：はい、無条件に「産業廃棄物業者なら一般廃棄物も扱える」ってことじゃないですね。一つずつ見ていきましょう。まず、「産業廃棄物収集運搬業者」とあります。実は、「業者」という呼称は廃棄物処理法の中で「業の許可を受けている者」、すなわち「許可業者」ということを定義しているんです（産業廃棄物については、廃棄物処理法第14条第12項）。

リサ：ほぉー、ということは一般廃棄物を扱うために産業廃棄物処理業の許可を取っていることというのが第一条件となるわけですね。

BUN：次に「小売業者の委託を受けて」とありますから、いくら産廃の許可を持っていても、自分勝手に一般廃棄物を扱うわけにはいきません。次に「特定家庭用機器廃棄物」とあります。

リサ：これは家電リサイクル法の対象になるテレビ、洗濯機、冷蔵庫、エアコンの対象4品目のことでしたね。

BUN：はい、これはさっきも解説したとおり、家庭用に製造された家電4品目であれば事業場で使用されていても家電リサイクル法の対象になる。そこから排出された家電4品目は産業廃棄物である。それを「特定家庭用機器産業廃棄物」というと定義しました。さらに、この「特定家庭用機器産業廃棄物」を扱える産廃処理業者に限定して、ってことなんですね。

リサ：んー、分かりにくくなってきました。産廃処理業の許可を持っていれば何でもいいってことじゃないんですね。

BUN：産廃は20種類に種類分けをして、この種類ごとに許可を出しています。例えば、「汚泥」とか「動植物性残さ」とか。通常、家電製品の場合は、それを構成している部品の性状から「廃プラスチック類」「金属くず」「ガラス陶磁器くず」の3品目の許可が必要としています。

リサ：なるほど。いくら「汚泥」とか「木くず」の許可を持っていても廃家電は扱えませんよってことですね。いつものように厳密性は多少犠牲にして、この条文を分かりやすく表現してください。

BUN：家電販売店の委託を受けてやるんだったら、産業廃棄物処理業者は家庭生活から出てくる一般廃棄物である家電4品目を扱っていいよ。ただし、その産業廃棄物業者が廃家電を扱える「廃プラスチック類」「金属くず」「ガラス陶磁器くず」の3品目の許可を持ってることが条件だからねってとこですか。

リサ：許可不要制度。いくつかの条件付きで「産廃業者は許可がなくても一廃を扱える」ですね。

BUN：次は第50条第4項。

4　一般廃棄物収集運搬業者（小売業者の委託を受けて特定家庭用機器一般廃棄物の収集又は運搬を業として行う者に限る。）は、廃棄物処理法第14条第1項の規定にかかわらず、環境省令で定めるところにより、特定家庭用機器産業廃棄物の収集又は運搬の業を行うことができる。この場合において、その者は、廃棄物処理法第12条第1項に規定する産業廃棄物処理基準に従い、特定家庭用機器産業廃棄物の収集又は運搬を行わなければならない。

リサ：これは先ほどの逆バージョンの許可不要制度ですね。いくつかの条件付きで「一廃業者は許可がなくても産廃を扱える」ですね。

BUN：この50条には許可不要制度に関連して面白い規定があるので、ついでに紹介しておきましょう。

2　廃棄物処理法第7条第1項の許可を受けた者が行う収集及び運搬並びに同条第6項の許可を受けた者が行う処分であって特定家庭用機器一般廃棄物に係るものについては、同条第12項の規定は、適用しない。

BUN：一般廃棄物には「手数料上限規定」が存在する。これが第7条第12項。

廃棄物処理法

（一般廃棄物処理業）

第7条

12　第1項の許可を受けた者（以下「一般廃棄物収集運搬業者」という。）及び第6項の許可を受けた者（以下「一般廃棄物処分業者」という。）は、一般廃棄物の収集及び運搬並びに処分につき、当該市町村が地方自治法（昭和22年法律第67号）第228条第1項の規定により条例で定める収集及び運搬並びに処分に関する手数料の額に相当する額を超える料金を受けてはならない。

リサ：これは聞いたことがあります。同じ市町村の住民なのに、市町村直営でやる地区と民間がやる地区で処理料金が違ったら不公平になるでしょってことで決まっているルールですよね。

BUN：そのとおりです。ただ、この条例で規定されている市町村の手数料は「燃えるごみ」「埋めるごみ」という昔ながらの処理方式を想定している上に、住民を対象にしていて税金の投入もあることから、大抵は相当低い金額を規定

していています。この金額では廃家電をリサイクルすることはできない。そこで、「家電リサイクル法でやる場合は、この手数料条例は適用しませんよ」と規定したものです。

もう一つ見ていただきましょう。第50条第3項です。

3　廃棄物処理法第12条第5項、第12条の3第1項及び第12条の5第1項の規定は、事業者が、その特定家庭用機器産業廃棄物を小売業者、第23条第1項の認定を受けた製造業者等又は指定法人に引き渡す場合における当該引渡しに係る当該特定家庭用機器産業廃棄物の収集若しくは運搬又は処分の委託（産業廃棄物収集運搬業者又は産業廃棄物処分業者に対するものを除く。）については、適用しない。

リサ：ほぉーこれはどういう規定ですか？

BUN：「廃棄物処理法第12条」というのは、産業廃棄物排出事業者の責務について規定している条文です。第5項は「無許可業者に委託してはダメですよ」という規定で違反した場合は、最高刑懲役5年という罰則もあるものです。でも、先に解説したとおり、廃家電4品目に関しては許可がない人物、すなわち無許可でも扱える人物がいる。

リサ：具体的には「小売業者」「製造者等」「指定法人」ですね。この人たちに委託するときには「無許可業者委託」の条文は適用しませんよってことですか。

BUN：廃棄物処理の問題は常に、排出者と受託者の関係が出てくるからね。ちなみに、冒頭の全体フロー図でもっとほかの登場人物がいるのが分かりますか？

リサ：はて？　今までで全員じゃないんですか？

BUN：実は、既に勉強した制度の中で規定していた人物がいるんです。

廃棄物処理法施行規則　　　　　（括弧書等省略）

（一般廃棄物収集運搬業の許可を要しない者）

第2条　法第7条第1項ただし書の環境省令で定める者は、次のとおりとする。

　七　特定家庭用機器再商品化法第23条第1項の認定を受けた製造業者等の委託を受けて、特定家庭用機器一般廃棄物の再商品化に必要な行為（同法第17条に規定する指定引取場所から再商品化の用に供する同法第23条第2項第2号に掲げる施設への運搬に該当するものに限る。）を業として実施する者であつて次のいずれにも該当するものとして環境大臣の指定を受けたもの（イに規定する事業計画に基づき、法第6条の2第2項に規定する一般廃棄物処理基準に従い、当該特定家庭用機器一般廃棄物のみの収集又は運搬を業として行う場合に限る。）

　九　特定家庭用機器、スプリングマットレス、自動車用タイヤ又は自動車用鉛蓄電池の販売を業として行う者であつて、当該業を行う区域において、その物品又はその物品と同種のものが一般廃棄物となつたものを適正に収集又は運搬するもの

リサ：どっかで見たような気がします。……思い出しました。「ただし書、省令規定」ですね。改めて、どういう人物でしょうか？

BUN：まず、第7号ですが、これは「指定引取場所」からリサイクル工場までの運搬に携わる運搬業者です。

リサ：ここでは「特定家庭用機器一般廃棄物」と一般廃棄物に限定しているようですが、産業廃棄物については別個に規定しているわけですね。

BUN：いえ、この規定は一般廃棄物にはあるのですが、産業廃棄物の許可不要制度にはないのです。

リサ：それはどうしてでしょうか？

BUN：指定引取場所は全国の都道府県に各県数か所あり、リサイクルプラントは令和4（2022）年の時点では45か所[2]あります。廃棄物の許可は積む場所と降ろす場所について必要ですが、産業廃棄物である「特定家庭用機器産業廃棄物」については積む場所と降ろす場所で産業廃棄物の許可を取ればいいでしょってことなんです。しかし、一般廃棄物については指定引取場所が所在している市町村の許可を取らせるというのはなかなか不都合なことが多いんです。

リサ：どういう不都合ですか？

BUN：一般廃棄物処理業許可には「市町村の一般廃棄物処理計画に合うこと」「市町村による処理が困難であること」といった要件があるのですが、全国規模で動き、そのルールは家電リサイクル法という別のコントロール下にある廃棄物では、この趣旨に合わないってとこでしょうか？　まぁ、そんなこともあり、「特定家庭用機器『産業』廃棄物」については原則どおり正攻法で廃棄物処理法の許可を取ってね、「特定家庭用機器『一般』廃棄物」については許可不要制度を作っておいたからねってとこでしょうかねぇ。

リサ：第9号のほうはどういう趣旨なんですか？

BUN：家電リサイクル法では、小売業者に廃家電4品目の引取義務を負わせました。ところが、この「義務」は「かつて自分の店で売った家電」と「現在自分の店で売っている同一種類の家電」に限定されているんです。これに該当しない廃家電は引取義務がないんです。

※2　出典：一般財団法人家電製品協会ホームページ

リサ：例えば、現実にはあると思えませんが、「テレビ販売専門店」なので冷蔵庫は扱いません、なんて店ですか？

BUN：そうです。そういう店では廃テレビは引取義務はあるけれど廃冷蔵庫は引取義務がないわけです。最初に許可不要者として説明した「小売業者」は対象となる廃家電はこの「引取義務」があるものに限定なんです。

リサ：そうなると「義務外品」については家電リサイクル法の許可不要制度の対象にならない。引き取ると無許可行為になる。そこで、廃棄物処理法の省令でこの人たちを規定しているってわけですか。訳が分かんないですね。どうして家電リサイクル法一本で規定していないんですかねぇ。

BUN：すみません。それは私にも分かりません。ちなみに、廃家電4品目については、リサイクル率は家電リサイクル法で規定していますが、処理基準は廃棄物処理法で規定しています。

　なお、マニフェストも家電4品目は家電リサイクル法のルートに乗っている場合は、家電リサイクル法独自のマニフェスト制度が適用されます。しかし、家電リサイクル法のルートに乗らないルートの場合は廃棄物処理法のマニフェスト制度が適用されます。

リサ：例えばどんなパターンですか？

BUN：産業廃棄物である「特定家庭用機器産業廃棄物（テレビ等4品目）」を排出事業者が排出事業所から運搬業者に委託して直接「指定引取場所」に搬入するなんてときですね。

リサ：なるほど。間に小売業者が入らず、排出事業者と運搬業者と引取業者の関係になる場合ですね。

BUN：このときは「許可不要制度」が適用されませんから、運搬業者は正規の産業廃棄物収集運搬業の許可を持っていないと扱えません。このとき家電リサイクル法は適用されていないので、廃棄物処理法の原則どおりのマニフェスト（産業廃棄物管理票）制度が適用されることになります。

　なお、指定引取場所以降は家電リサイクル法が適用されますので、ここからは家電リサイクル法のマニフェスト制度になります。

リサ：めんどくさいですね。

BUN：大きな事務所の引っ越しなどで大量に廃家電が排出されるときや建物の解体時にテレビやエアコン等が残置された際の運搬などはこれに該当するから注意が必要だね。

リサ：「許可不要制度」としては分かりましたが、「いつできた？」の面からはどうでしょうか？

BUN：家電リサイクル法はその後大きな改正はありませんので、経産省で発行しているパンフレットから借用した内容でいきたいと思います（図表5）。

BUN：食品、自動車、小型家電とあるけど、長くなったので、続きは次回としましょうか。

リサ：それでは皆さん次回もお楽しみに。

図表5　家電リサイクル法の主な動き

平成12 (2000) 年	家電リサイクル法、施行
平成16 (2004) 年4月1日	冷凍庫を追加（料金は冷蔵庫と同じ）
平成19 (2007) 年4月1日	エアコンの料金を500円（消費税込み525円）値下げ（1回目）
平成20 (2008) 年11月1日	エアコンの料金を500円（消費税込み525円）値下げ（2回目）。またテレビと冷蔵庫・冷凍庫のサイズ区分を2種類とし、小サイズの料金を値下げ（サイズ区分を行っていないメーカーもある）
平成21 (2009) 年4月1日	薄型テレビ（液晶テレビ・プラズマテレビ）と衣類乾燥機（料金は洗濯機と同じ）を追加
平成21 (2009) 年10月1日	今まで多くの指定引き取り場所がAグループとBグループ別の引き取りとなっていたが、すべての引き取り場所で全製造事業者の製品の引き取りが可能となる

食品リサイクル法

リサ：次は建設リサイクル法ですか？

BUN：成立時期としてはそうなのですが、最初に話したとおり、建設リサイクル法には廃棄物処理業に関する許可不要制度は全くありません。

リサ：建設リサイクル法の認可とか届出とかで廃棄物処理の許可不要となる規定はないんですか？

BUN：何回か前に述べましたが、あえていうなら、建設系廃棄物に関しては廃棄物処理法第21条の3の規定により、元請が排出事業者となることから、元請は許可不要、さらに第3項で下請でも許可不要になる規定を作っていますから、それで必要にして十分なのでしょう。

リサ：と、なると、次は……。

BUN：成立時期は平成12（2000）年の食品リサイクル法となります。

リサ：食品リサイクル法には許可不要制度があるんですね。では、よろしくお願いいたします。

BUN：正式な名称は「食品循環資源の再生利用等の促進に関する法律」といいまして、平成12年6月に公布され平成13年5月から施行されています。

リサ：最近は特に食品ロスが話題に上りますよね。その法律ですよね。

BUN：趣旨は変わらないのですが、このリサイクル法では、①食品の流通や消費段階で生じる食品の売れ残りや食べ残し、②製造、加工、調理の過程において生じる動植物性残さを対象にしていて、家庭から排出される食品廃棄物は対象外となっています。

リサ：食品残さは廃棄物処理法の分類では「動植物性残さ」でしょうから、①は事業系一般廃棄物、②は主として産業廃棄物となりますかねぇ。

BUN：そのとおりです。動植物性残さが産業廃棄物になる業種は、食品製造業、医薬品製造業、香料製造業だけです。したがってこれ以外の業種、例えば飲食店や旅館、コンビニ等から排出された場合は一般廃棄物となります。

食品リサイクル法では業種ごとにリサイクル率の目標値も設定されていて、何度か改訂されているんですが、現在の目標値は次のとおりです。

（目標年度令和6年度）

○食品製造業95%　○食品小売業60%　○食品卸売業75%　○外食産業50%

リサ：食品製造業が95％なのに外食産業は50％ですか。この差はどうしてですか？

BUN：食品製造業は自分の工場の生産過程で排出するものであり、また、その材料も均一な場合が多い。一方、外食産業はいろいろ食材が厨房からも客の食べ残しからも出てきますから、なかなか取組は大変だと思います。

リサ：それでは、早速、「許可不要制度」について話してください。

BUN：では、食品リサイクル法の該当条文を見てみましょう。

食品リサイクル法　　　　　　（括弧書等省略）
（廃棄物処理法の特例）
第21条　一般廃棄物収集運搬業者は、同条第
　　1項の規定にかかわらず、食品関連事業者
　　の委託を受けて、同項の運搬の許可を受け
　　た市町村の区域から第11条第1項の登録に
　　係る同条第2項第3号の事業場への食品循
　　環資源の運搬（一般廃棄物（廃棄物処理法
　　第2条第2項に規定する一般廃棄物をい
　　う。以下この条において同じ。）の運搬に該
　　当するものに限る。第4項において同じ。）
　　を業として行うことができる。

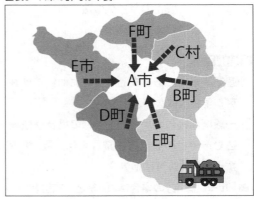

図表6　A市の許可は不要

BUN：まず、原則の確認ですが、廃棄物の収
集運搬業の許可は積むエリアと降ろすエリアの
許可が必要として運用しています。

リサ：例えば、産業廃棄物なら栃木県で積んで
福島県を通過して山形県で降ろすってときは、
積む栃木県の許可と降ろす山形県の許可が必
要。ただし、単に通過するだけの福島県の許可
は不要、という運用ですね。一般廃棄物ですか
ら市町村の許可になるわけですね。甲市で積ん
で乙町を通過して丙村で降ろすってときは甲市
と丙村の許可が必要ですよってことですね。

BUN：そのとおりです。この第21条第1項
の規定の「第11条第1項の登録に係る同条第
2項第3号の事業場」というのが、リサイクル
工場のことです。

リサ：ということは、リサイクル登録工場に原
料になる食品廃棄物を搬入するときは、工場の
設置市町村の許可は不要になるってことです
ね。

BUN：そのとおりです。分かりにくいので図
にしてみました（**図表6**）。

　A市にリサイクル工場があるとします。この
工場が登録を取っているとすると、この工場に
搬入する収集運搬業者はA市の許可は要らな

い、という規定です。

リサ：ん～、A市の許可は要らない、といわれ
ても、排出事業所があるB町、C村、D町の許
可は必要ってことでしょ。全国展開とまではい
かなくとも、広い範囲で商売している事業者に
とっては、まだまだ不便ですね。

BUN：そうですねぇ。そういったこともあり、
平成19（2007）年に食品リサイクル法を改正
して第21条第2項を作ったんです。それを見て
みましょう。

2　認定事業者である食品関連事業者（認定
　事業者が第19条第1項の事業協同組合その
　他の政令で定める法人である場合にあって
　は、当該法人及びその構成員である食品関
　連事業者）の委託を受けて食品循環資源の
　収集又は運搬（一般廃棄物の収集又は運搬
　に該当するものに限る。以下この項におい
　て同じ。）を業として行う者（同条第2項第
　8号に規定する者である者に限る。）は、廃
　棄物処理法第7条第1項の規定にかかわら
　ず、同項の規定による許可を受けないで、
　認定計画に従って行う再生利用事業に利用
　する食品循環資源の収集又は運搬を業とし
　て行うことができる。

リサ：ん～、第1項よりも分からないです。

BUN：これは降ろす場所だけではなく、積む場所の許可も不要となる制度なのですが、いろいろと条件が規定されています。まず、「認定事業者」から説明しましょう。

例えば、「Bマート」という喫茶店を全国に何店舗も展開している会社があるとしましょう。ここからコーヒーの出し殻、豆かすが排出されます。このコーヒー豆かすを発酵させて牛の餌にする長岡リサイクル社に搬入します。長岡リサイクル社で製造したリサイクル飼料をモー酪農で買い取り、牛の餌にします。そして、そこで絞った牛乳をBマートで買い取る。

リサ：自分が出した豆かすが飼料になり、牛乳になって、再び自分の元に帰ってくるわけですね。

BUN：そのとおりです。Bマート→長岡リサイクル社→モー酪農→Bマートと循環の輪が出来上がります。これを「ループ」と呼んで、この仕組みを認定するんです。ループ認定ですね（図表7）。

リサ：このループ認定を受けた場合は、数多い排出場所ごとの市町村の一般廃棄物処理業の許可は不要になる、ってことですか。

BUN：ただ、当然、これも条件があって、こ

の認定を受ける時点で、「誰がどこからどこに運搬するか」ということも含めて認定の対象になりますので、大抵は今までも一般廃棄物処理の実績がある人物が行うことになるでしょう。

リサ：でも、数多い排出事業所ごとの一般廃棄物収集運搬業の許可が不要になるというのは大きなメリットですね。この規定は産業廃棄物についてもあるんですか？

BUN：産業廃棄物についてはループ認定の規定はありません。あくまで一般廃棄物である食品廃棄物についてだけの特例です。

リサ：なぜ、産業廃棄物にはないのでしょう？

BUN：これは家電リサイクル法の義務外品のときにも話したことですが、一般廃棄物は市町村ごとの許可、産業廃棄物は都道府県ごとの許可ですから、許可になる物理的エリアがそもそも違う。

リサ：産業廃棄物なら1都1道2府43県、計47の許可を取れば全国制覇ができる。でも、市町村は全国に1,700くらいあるといわれていますから、全国制覇するためには1,700の許可を取らなくちゃならないってことですね。

BUN：あとは、一般廃棄物処理業許可の要件である「市町村直営処理の困難性」「市町村一般廃棄物処理計画との整合性」等の課題もあるも

図表7　再生利用事業計画の認定制度

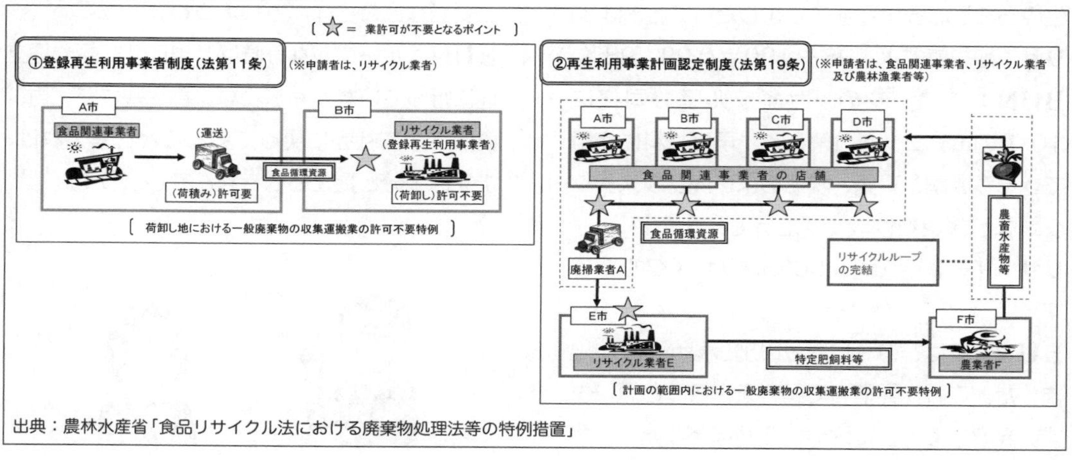

出典：農林水産省「食品リサイクル法における廃棄物処理法等の特例措置」

のと思います。もちろん、認定に当たっては、国は関係市町村と連携を図っているとは思いますが。

リサ： 先ほどの第1項の登録、第2項の認定の際、リサイクル業者そのものの許可はどうなっているのでしょう？　認定を取れば、許可は不要という規定があるんでしょ？

BUN： それはありません。リサイクル業者は、処分業の許可、処理施設の設置の許可等の廃棄物処理法上の手続を行うことが必要です。この辺は大臣の再生利用認定とは違うところですね。

リサ： 一般廃棄物の収集運搬業許可不要だけでも大きなメリットだと思いますが、この「ループ認定」を取得するためには、どの程度のリサイクル率が必要になってくるのですか？

BUN： するどい質問ですね。家電リサイクル法などでは対象になる品目ごとにリサイクル率を規定していました。

リサ： ネットで調べたら、例えば、エアコンの法定基準のリサイクル率は80％でした。実際は令和3年度の実績では92％にもなっているようですが。

BUN： そのとおりです。家電や建設廃棄物のコンクリートなどのリサイクル率は感覚的にも分かりやすいです。例えば、ビルを解体してコンクリート殻が100t出て、これを破砕して再生砕石にしたら98t出てきましたってときは？

リサ： 簡単ですよ。98÷100＝0.98　98％

BUN： エアコンのリサイクル率も同様に10Kgのエアコンを分解して、再度材料に使用できる鉄、銅、真鍮、状態のよい廃プラスチック類など9Kgを回収できたってときは？

リサ： 9÷10＝0.9　90％のリサイクル率です。

BUN： では、コーヒー豆の出し殻が100t出ました。これを発酵して飼料を作ろうと思います。発酵するときに水分が3割ほど蒸発、二酸

化炭素やメンタンとして2割ほど気化しました。栄養分補給のためにトウモロコシや枯れ草を5割入れました。このリサイクル飼料を2割、今までと同じ穀物飼料を8割で牛を育てています。この牛から100tの牛乳が採れたとき、さて、何tがコーヒー豆の出し殻由来でリサイクル率は何％になるでしょうか？

リサ： もう、そんな意地悪な質問やめてよね。いろんな物が出たり入ったりで計算なんかできないわ。

BUN： ループ認定は、こういった「リサイクル率」という要因とともに、「ループ」というくらいなので、「どの程度、もともとの排出者のところに戻ってくるか」という要因も出てくる。

リサ： 豆かすが牛乳になって、排出者のところに戻るっていうのは原則でしょうけど、当然、別の排出者からの違う廃棄物だって入ってくるだろうし、排出者側も全てが「リサイクル牛乳」ってことでもないでしょ。

BUN： そうだね。計算式や考え方は、図を引用した農水省パンフに詳しく掲載されているから、関係者にはそちらを参考にしていただくとして、結論としてはループで戻ってくる量は排出量の1割から2割程度でよいとしているようだね。

リサ： へぇぇ、思っていたより少ないけど、さっきのようないろんな収支バランスを考えると妥当なところなんでしょうね。

BUN： ループがなければ、単に焼却炉や埋立地に行っていたかもしれない食品残さが、再び資源として社会に戻ってくることを考えれば、まずは十分と捉えるべきなんでしょうね。

自動車リサイクル法

リサ：次は自動車リサイクル法ですか。

BUN：はい、正式名称は「使用済自動車の再資源化等に関する法律」といいまして、成立公布は平成14（2002）年7月ですが、施行は2年半後の平成17（2005）年1月1日です。

リサ：最近の廃棄物処理法ですと、公布、即日施行なんて慌ただしいものもありますが、公布から施行まで2年半とは随分間をあけましたね。

BUN：新しい制度をスタートするなら、本来、このくらいの準備期間をおいたほうがいいのかもしれませんね。自動車リサイクル法の場合は、関係者が多数いたこととハード面の準備が必要であったことが挙げられると思います。その分、各種リサイクル法の中では、個人的には最もうまくいっている制度だと感じています。

リサ：ほぉー、それはどんなことでしょう？

BUN：自動車リサイクル法は、いち早く電子マニフェストの義務化を導入しました。

リサ：本家の廃棄物処理法でさえ、令和2（2020）年からようやく、特別管理産業廃棄物の多量排出事業者に限定で義務化したわけですから、それより15年も早く電子マニフェストを導入したのはすごいですね。

BUN：自動車にはほかにはない「車検制度」があったり、メーカーが大企業で数が限られていた等の導入しやすい要因などがあったからだと思います。電子マニフェスト制度を導入したことから、個々の廃自動車の状況まで管理できる体制になったのは大きかったですね。

リサ：そのほか、「うまくいっている」要因は何ですか？

BUN：それは、まさに「許可不要制度」につながります。

リサ：待ってました。早速、自動車リサイクル法の許可不要制度について解説してください。

BUN：廃自動車も廃棄物処理法上は一般廃棄物と産業廃棄物に分けられます。したがって、許可不要制度も一般廃棄物と産業廃棄物の許可不要を規定しています。まず、この許可不要につながる自動車リサイクル法の各種登録、許可制度を紹介しましょう。

図表8を見てください。廃自動車のリサイクル工程は大きく四つに分けられます。これは技

図表8　自動車リサイクル法の各種登録、許可制度

業種	自動車リサイクル法制度	業務内容
①引取業者	登録	最終所有者から廃車を引き取り、フロン類回収業者又は解体業者に引き渡す。
②フロン類回収業者	登録	フロン類を基準に従って適正に回収し、自動車メーカー・輸入業者に引き渡す。フロン類回収後の車台は解体業者に引き渡す。
③解体業者	許可	廃車を基準に従って適正に解体し、エアバッグ類を回収し、自動車メーカー・輸入業者に引き渡す。解体後の車台は破砕業者に引き渡す。
④破砕業者	許可	解体自動車（廃車ガラ）の破砕（プレス・せん断処理・シュレッディング）を基準に従って適正に行い、シュレッダーダスト（自動車の解体・破砕後に残る廃棄物）を自動車メーカー・輸入業者へ引き渡す。

術的な要因と、それまでの業態を考慮してこのように分けたようです。

リサ:自動車リサイクル法がスタートする以前から、既にこのようなお仕事があって、それなりの業者数があったということですかねぇ。

BUN:「省令ただし書」規定のときにお伝えしましたが、平成の一桁台は、放置自動車や廃タイヤの野積みなどが全国的な課題となっていたのです。とはいうものの、大多数の善良な業者さんは真面目に取り組んでいて、そういった業者さんを排除するわけにもいきませんから、「実態に配慮して」このような分類にしたものと思われます。

リサ:「登録」と「許可」とあるんですね。どのような違いがあるのでしょう?

BUN:辞書には「登録」とは「一定の事項を公に証明するために、所定の機関に届け出て、帳簿に記載すること」。「許可」とは「ある行為が一般に禁止されているとき、特定の場合にそれを解除し、適法にその行為ができるようにする行政行為」などと載っています。

リサ:なんかよく分かりませんが、許可のほうが、より条件が厳しいけど、どちらもお役所から「やっていいよ」といわれないと、できない行為だということでしょうかね。で、この自動車リサイクル法の「登録」や「許可」を取っていると、廃棄物処理法の「許可不要制度」が適用になるということですね。

BUN:はい、そうなのですが、これもそれなりに複雑ですので、**図表9**にまとめてみました。

もちろん、自動車リサイクル法に規定する廃自動車のリサイクル工程に限定ですからね。

リサ:引取業者とフロン類回収業者は業務の内容から「処分」に該当する作業はしないから、「収集運搬」についてのみ、許可不要。一方、解体業者と破砕業者は廃棄物の中間処理、すなわち「処分」に当たる行為をすることから「処分」についても許可不要、と規定したってことですね。でも、破砕業者はどうして産業廃棄物についてだけ許可不要なんですか? 一般廃棄物については、正規に許可取ってやってねってことなんですか?

BUN:実は、ここは廃棄物処理の世界でも触れてはならない、アンタッチャブルのポイントなんだ。

リサ:何ですか、それは。そんなふうにいわれるとなおさら知りたくなります。

BUN:自動車リサイクル法が施行される直前の国の説明資料の中に次の一文があるんだ。「自動車リサイクル法では解体自動車は廃棄物として扱うこととされており、その材質等から見て産業廃棄物に該当する」

リサ:えぇー、だって、引取りや解体の段階では、「廃自動車は一般廃棄物と産業廃棄物がある」と認知しているからこそ一般廃棄物、産業廃棄物ともに許可不要制度を作ってるわけでしょ。それなのに、「解体後は一般廃棄物でなくなり全て産業廃棄物になるんです」ってことなんですか? そんなルールあるんですか?

BUN:「あるんですか」といわれても、そうせざるを得ないってことだったんでしょうね。

図表9 自動車リサイクル法と許可不要制度

業種	自動車リサイクル法制度	廃棄物処理法許可特例
①引取業者	登録	一般廃棄物、産業廃棄物ともに収集運搬が可能
②フロン類回収業者	登録	一般廃棄物、産業廃棄物ともに収集運搬が可能
③解体業者	許可	一般廃棄物、産業廃棄物ともに収集運搬、処分が可能
④破砕業者	許可	産業廃棄物の収集運搬、処分が可能

実は、この課題は自動車リサイクル法だけではなく、廃棄物処理全ての課題なんです。「どの時点で一般廃棄物を卒業できるか」なんです。

リサ：市町村が処理をしている「住民が出す一般廃棄物」、生ごみなんかは、焼却炉で焼却した後の「燃え殻」「ばいじん」も一般廃棄物って扱いですよね。

BUN：それが大原則。いわゆる「オリジン説」。一般廃棄物にちょっと手を加えただけで産業廃棄物に衣替えしてしまうのでは、処理責任が曖昧になってしまう。だから、「処理する前に既に一般廃棄物であった物を処理した後に出てくる処理残さは一般廃棄物」「処理する前に既に産業廃棄物であった物を処理した後に出てくる処理残さは産業廃棄物」。

リサ：産業廃棄物の「13号処理物」なんかは、それを堅持するための規定でもあったはずですよね。

BUN：それはそのとおりで、個人的には、こんななし崩し的な運用はまずいんじゃないかとは思う。一方で、そうせざるを得ない現実も分かる。もし、一般廃棄物である廃自動車を処理していき、有価物に生まれ変わってくれる部品や材料は廃棄物そのものを卒業できるけど、最後にどうしてもリサイクルできずに埋立てや焼却に回る物も出てくる。それを一般廃棄物だと頑張ると、市町村の許可が必要になるし、別の捉え方をすればリサイクル工場が立地している市町村にだけ負担がかかるようになる。そんな事情があり、なかなか公文書では示せないけど、「解体終了後は全て産業廃棄物」とせざるを得なかったんでしょうね。

リサ：このような運用はほかにはあるんですか。

BUN：令和4年からプラ資源循環法が施行されていますが、その施行通知の中に、容器包装リサイクル法変形認定を取得したリサイクル工場について、同様の内容が記載されています。ただし、この件については長くなりますので、プラ資源循環法のときに改めて取り上げましょう。

リサ：逆に、「オリジン説」を裏付けるような通知などはないのですか？

BUN：令和3（2021）年に発出された「タスクフォース通知[※3]」では、中間処理残さ物は処理前、すなわちリサイクルの原料である一般廃棄物、産業廃棄物の比率で、リサイクル後に発生する残さ物について「比率按分してよい」旨通知しています。けして「全て産業廃棄物とする」とはいっていません。これなどは、「オリジン説」を原則的に踏襲した考え方だといえるでしょう。

リサ：ある意味、正反対の見解ですね。

BUN：タスクフォース通知では「実験実証」という、ある意味「許可不要制度」に当たる行為についても言及していますので、これも改めて紹介することにしましょう。

リサ：話を戻しますが、少なくとも現時点では、民間のリサイクル業者からの残さ物について、公式に「この段階以降は一般廃棄物卒業です」と宣言している制度はないんですね。

BUN：はい。ありません。しかし、そうはいっても前述のとおり、目の前にある「物」は解体が終了した状態では一般廃棄物も産業廃棄物も区別はつきにくく、ある意味「有価物を選別するという事業に伴って排出した」とでもいえるかもしれません。まぁ、この辺りは古いながらもいまだに解決できずにいるリサイクルの宿命なのかもしれません。

リサ：なんか、分かったような、分からないような理屈ですが、しょうがない。話を次に進めましょう。自動車リサイクル法が「うまくいっ

※3 「第12回再生可能エネルギー等に関する規制等の総点検タスクフォース（令和3年7月2日開催）を踏まえた廃棄物の処理及び清掃に関する法律の適用に係る解釈の明確化について（通知）」（令和3年9月30日環循適発第2109301号・環循規発第2109302号環境省環境再生・資源循環局廃棄物適正処理推進課長・廃棄物規制課長通知）

ている」ほかの要因について話してください。

BUN： それはなんといっても「先払い方式」を採用した。採用できたってことです。

リサ： 物が廃棄物になる前、つまり、製品の購入時点で処理料金を払っておくって方式ですね。デポジットとかいうんですか。

BUN： 人間の性として、払わなくて済むお金は払いたくない。ましてや、これから自分の身の回りにあり使うものならまだしも、もう要らなくなる物にお金は払いたくない。

リサ： だから不法投棄は起きるんですよね。

BUN： よく空き缶やペットボトルのポイ捨てが問題になりますが、ああいう物もデポジット方式を採用すればポイ捨てはなくなりますよ。例えば、1万150円で缶コーヒーを販売し、飲み終わった後の空き缶を持ってきてくれた人には1万円を返却する。誰も空き缶をポイ捨てしませんよ。

リサ： 先生、それじゃ、空き缶泥棒が頻発しちゃいますよ。でも、先に払っておくというのは廃棄物の処理の制度としてはいいことですよね。どうしてほかのリサイクル法もそれを採用しないのでしょうか？

BUN： 先に支払った金銭の管理が煩雑等の理由で採用できなかったようですね。自動車に関しては「車検」という制度が根付いていますし、自動車そのものが高額ですから、それと比較すれば処理料金、リサイクル料金はわずかなので、自動車を購入する人はあまり意識せずに支払に応ずるってこともあるでしょう。

リサ： そうですね。自動車リサイクル法がスタートしたときこそ、自動車リサイクル券って意識がありましたが、今や車検証や自賠責証とセットになっている「紙」としか意識しないですね。

BUN： それこそ自動車リサイクル法が「うまく機能している制度」の証明でもあるんです。

リサ： というと？

BUN： 優れたルール、制度というのは、誰もが意識せずに自然と従うもの、これがベストなんです。自動車リサイクル法は今やほとんどのユーザーは自動車リサイクル法という法律があることすら知らずに従っている。しかも、自動車リサイクル法はその後改正をしていません。改正の必要性がないともいえますよね。このことからも、当時の運輸省、通産省（成立時。施行時は経産省と環境省の共管法）の優秀さをしみじみ感じます。

小型家電リサイクル法

POINT

●認定事業者と「認定事業者からの委託者」は認定を受けた事業計画の範囲で許可不要
●認定事業者は認定を受けた地域内の市町村から引取りを求められた場合は引取義務がある。
●小型家電リサイクル法上は認定事業者単独で収集することも可能

リサ：さて、次は何でしょうか？

BUN：次は小型家電リサイクル法です。この法律の正式名称は「使用済小型電子機器等の再資源化の促進に関する法律」といいまして、ほかの各種リサイクル法から遅れることほぼ10年、平成24（2012）年8月に公布され、翌年の平成25（2013）年4月から施行されています。

リサ：このリサイクル法の存在は知っていたのですが、仕組み、制度はどうもよく分かりません。

BUN：一般の方にとっては、それが正直なところかと思います。市町村の担当者でさえ、自分の町が小型家電リサイクル法をやっているのか、いないのかさえよく分からない、という方もいるくらいですから。なぜ、そんな状態かといいますと、やはり「促進法」という意味合いが強いからだと思います。

リサ：というと、「やってもいいし、やらなくてもいい」ってことですか。

BUN：そうなんです。その「やってもいいし、やらなくてもいい」を選択するのも市町村であって、一般住民にとっては、直接この法律に接する機会はとても少ないのです。実は使いようによっては、とても身近になる制度なのですが、現在のところ、どうも今一つ、うまく

回っていないって感じがします。

リサ：では、その辺も含めて制度そのものの紹介から説明してください。

BUN：まず、対象となる廃棄物ですが家電リサイクル法の対象以外の「小型家電」で、具体的には28類型の品目を政令で指定しています。

リサ：テレビ、冷蔵庫、洗濯機、エアコンは家電リサイクル法の対象ですから、これ以外というとパソコンとか扇風機とかでしょうか。

BUN：そうですね。第2条の定義の中では「一般消費者が通常生活の用に供する電子機器その他の電気機械器具のうち、効率的な収集運搬が可能であって、再資源化が特に必要なもの」としています。

リサ：「効率的な収集運搬が可能であって」というフレーズに引かれますね。どういう趣旨なんですか？

BUN：さっきのとおり「やらなくてもいい」。「できればやってほしい」的なところがあるものですから、家電リサイクル法のように、「テレビは必ずリサイクル料金を支払って家電販売店に引き取ってもらうこと」のような厳しい規定がないんです。だから、一般住民としては市町村から指示される日時に指定されている場所に出せばいいだけのことになります。

リサ：それでは、今までの不燃物の回収と同じですね。

BUN：そのため、一般住民の方は小型家電リサイクル法をあまり認識していないのだと思います。しかし、市町村が小型家電リサイクル法に取り組んでいるなら、この先、不燃物の回収とは行き先が変わります。該当する小型家電を無料で引き取ってくれるんです。ただし、その地域に引き取ってくれる認定事業者が存在しているときに限定されるのですが、その話はまた後ほどにしましょう。

リサ：ほぉー、認定事業者が存在している地域

だけにしても、小型家電リサイクル法が施行前なら、大抵はそのまま不燃物の埋立地行きか、せいぜい、破砕して鉄を引き抜く程度でしたから、「無料で引き取ってくれる」のはありがたいことですよね。

BUN：しかし、ちょっと考えてみてください。排出時点ではそれまでの所有者は不要になったから廃棄するわけで、大抵の物は、当然、廃棄物です。それを処理料金も取らずに引き取ったのでは事業として成立しません。

リサ：そりゃそうですよね。だからこそ、廃棄物処理業者が存在して、処理料金を支払っても引き取ってもらっているわけですから。

BUN：そのためこの小型家電リサイクル法では「効率的な収集運搬が可能であって」としているんです。

リサ：どういうことですか？

BUN：排出者にとっては「不要」となる物であっても、ほかの人にとっては価値があったり、本来の製品としては役目は終えたが部材としての価値があるとか、一つひとつでは採算が合わないけれども大量に集まることによって採算が取れる、そういう物や状態があるわけで

す。空き缶を例にとって説明しましょう（**図表10**）。道端や公園に散乱している空き缶は有価物ですか？

リサ：それは誰も欲しくないので廃棄物でしょう。捨てた人がいるから散乱しているわけだし。

BUN：では、その散乱している空き缶を手間暇かけて大量に、そうだなぁ、4tダンプ満載くらいに集めた状態ではどうですか？

リサ：それなら、金属としての価値があり、買い手も付きそうですね。

BUN：さらに、洗浄して、選別して、圧縮してインゴットにしたら確実に有価物として流通しますよね。これで感覚的にも理解していただけたと思うのですが、本来的に価値はあるけれども人件費や運送料をかけると赤字になる、そんな状態の廃棄物もあるわけです。そこで、市町村が集めてやるから、そこから以降は無料で引き取ってくれ、という状態も出てくるわけです。特に希少金属を使用している電子機器などは分かりやすいでしょう。

リサ：なるほど。個々の消費者からすると廃棄物だけれど、それが大量に集まれば引き取る人

図表10　空き缶の例

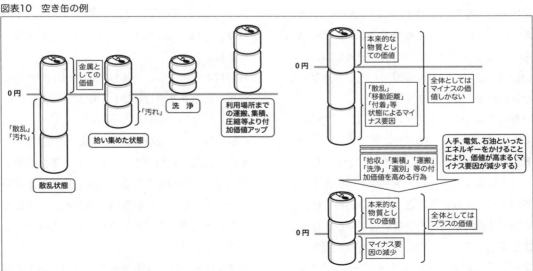

物も現れるってことですか。それが小型家電リサイクル法の仕組み。だから、「効率的な収集運搬が可能であって」というフレーズが付くわけですか。

BUN：聞くところによるとスマホ、ゲーム機などは貴金属の比率が高くて「効率的」らしいですが、一方では「こたつ」とか「電気毛布」などは、「役に立たない」部材が多く「非効率的」らしいです。

リサ：ただ、市町村としては今までやっている「粗大ごみ」「不燃ごみ」の収集ということでは同じことでしょうから、引き取ってもらえるだけありがたいことですよね。

BUN：国としても極力いろんな種類を引き取ってもらいたいので、いろいろと苦労しているようです。

リサ：では、その許可不要者を紹介してください。

BUN：条文を見ていただきましょうか。いつものとおり「簡略表記」です。

小型家電リサイクル法　　　　　　　　簡略表記

（認定事業者等に係る廃棄物処理法の特例）

第13条　認定事業者は、廃棄物処理法第7条第1項若しくは第6項又は第14条第1項若しくは第6項の規定にかかわらず、これらの規定による許可を受けないで、当該認定に係る使用済小型電子機器等の再資源化に必要な行為（一般廃棄物又は産業廃棄物の収集若しくは運搬又は処分に該当するものに限る。第3項において同じ。）を業として実施することができる。

3　認定事業者の委託を受けて使用済小型電子機器等の再資源化に必要な行為を業として実施する者（認定計画に記載された第10条第2項第6号に規定する者に限る。）は、廃棄物処理法第7条第1項若しくは第6項又は第14条第1項若しくは第6項の規定に

かかわらず、これらの規定による許可を受けないで、認定計画に従って行う使用済小型電子機器等の再資源化に必要な行為を業として行うことができる。

リサ：第1項は「認定事業者」、第3項は「認定事業者の委託者」は一般廃棄物も産業廃棄物も許可不要ってことですね。

BUN：そのとおりですが、当然、「認定の範囲内」での行為に限定ですので、対象物は先に説明した政令の28品目、そして認定は地域を限定していますので、認定された地域だけとなります。この地域は、省令で基準を定めていて、大抵は都道府県単位となります。人口密度が高い、都市部だけやって過疎地はやらないってことがないような基準を作っています。

リサ：「おいしいとこだけ」はダメですよってことですね。「効率的な収集運搬が可能」といっても国民が不公平にならないようにって配慮ですかね。

BUN：この辺の事情が「さじ加減」になるわけです。あまり厳しくすれば、誰も認定事業者として名乗りを上げない。

リサ：そりゃ、非効率な面積の広い過疎地域で、非効率な品物だけを引き取れといわれたら誰も手を挙げませんよ。できるだけ、人口密集地で貴金属、希少金属が多く含まれるゲーム機だけ集めたいですもの。

BUN：このことが先ほどの「認定事業者が存在している地域では」ということになるわけです。

リサ：なるほどねぇ。そして、えーと、許可不要者は「認定事業者」だけでなく、その人物から実際の処理を頼まれる「認定事業者の委託者」も許可不要なんですか。

BUN：はい、前述のとおり、この認定は全国とはいいませんが、相応に広いエリアが認定

の対象となってきます。そのため、事業規模がある程度大きな事業者でないとなかなか取り組めません。そこで、認定事業者そのものは「商社的役割」、まぁ、コーディネーターとでもいいますか、仲介、まとめ役的な働きで、実際に廃棄小型家電を収集運搬し、リサイクルを実行する、いわゆる「リサイクラー」に処理を委託するという事業形態を想定した制度なんです。

リサ： それで、「認定事業者の委託者」も許可不要者としているわけですか。なんか、とてもめんどくさい綱渡りをしているような制度なので、一旦、整理していただけますか？

BUN： 対象物は政令で定める小型家電28品目。これをリサイクルすることを目的とした法律。このリサイクル事業をやりたい人物が申請して環境省から認定を受ける。これが「認定事業者」。しかし、認定事業者は商社的役割であり、実際に廃棄小型家電を収集運搬し、リサイクルする人物に委託することになる。認定を取った限りは認定区域内の市町村から引取りを求められたら引き取らなければならない。認定事業者が存在している地域の市町村は、認定の対象になっている廃棄小型家電を住民から回収すれば認定事業者が引き取ってくれる。まぁ、ざっとこれが正攻法の事業形態だね。

リサ： 少し小型家電リサイクル法について理解できてきましたが、「正攻法」とか、冒頭で出てきた「実は使いようによっては、とても身近になる制度なのですが」などと奥歯に物が挟まったようなフレーズがありましたが、どういうことですか？

BUN： はい、正攻法の主たる事業形態は今まで述べたとおりですが、私はまだまだこの制度を生かし切っていないと感じているのです。というのは、今、時折「ご家庭でご不要になりました家電類はありませんか？」などと大きな音声で街を練り歩いている「無許可業者」はいませんか。

リサ： 最近は中国の景気も悪くなって商売にならないのか少なくはなりましたが、時々チラシが投げ込まれているときがあります。あれって廃棄物処理法的には廃棄物の収集運搬なんだから許可要りますよね。

BUN： もちろんです。現に年に何件かは警察に挙げられたり、産業廃棄物の許可しか持っていないのに一般廃棄物を扱ったということで無許可で行政処分を受けている事例もあるんですよ。でも、この小型家電リサイクル法の認定事業者なら、あの「不用品を回収して回る」という行為が合法的に可能なわけです。

リサ： そうかぁ、小型家電リサイクル法28品目なら一般廃棄物も産業廃棄物も許可がなくても収集運搬していいんですもんね。

BUN： 特に一人暮らしの高齢者などは自宅まで取りに来てくれるというのは非常にありがたいのです。

リサ： 違法承知で無許可業者に委託するって人もいるくらいですからね。

BUN： 小型家電リサイクル法では、「市町村とタッグを組んだ事業しかしてはならない」とは規定していません。ようやく、「小電コンビニ」などと称して、認定事業者が単独で積極的に回収する形態を始めたところもあるようですが、前述のとおり、ボランティア的な意味も含めて、高齢者の多い過疎地の巡回回収なども手がけていただきたいと思うわけです。

リサ： ふぅ、ようやく、これで小型家電リサイクル法も終了。各種リサイクル法もめでたく終了ですね。

第 ③ 章

廃棄物処理法以外編
第2回　プラスチック資源循環法

リサ：BUN先生、早速ですが、この「プラスチック資源循環法」ってどういう法律なんでしょうか。

BUN：正式には「プラスチックに係る資源循環の促進等に関する法律」っていうんだけど、長いので「プラ新法」とか「プラスチック資源循環法」とか呼ばれています。ここでは「プラ資源循環法」とでも呼ぶことにしましょうか。これまで紹介した各種リサイクル法は、「リサイクル」という要因が大きいのですが、このプラ資源循環法は「リサイクル」だけではなく、ほかにもいろいろな要素を含んでいるからか、「プラスチックリサイクル法」とは呼ばれていないようです。

リサ：それでその「プラ資源循環法」はどんな法律なんですか？

BUN：環境省の説明資料によると「製品の設計からプラスチック廃棄物の処理までに関わるあらゆる主体におけるプラスチック資源循環等の取組を促進するための措置を講じます」って書いてるね。

リサ：「設計から処理まで」「あらゆる主体」といわれても、これでは「ゆりかごから墓場まで」「安全安心に」みたいで、あまりに大風呂敷過ぎて、何が何やら、分からないですね。もうちょっと具体的に説明してくれますか。

BUN：そうですね。ちょっと物の誕生から最終処分までのイメージを図にしてみました（図表1）。

　物は設計され、製造され、運ばれて、販売店

図表1　プラスチック資源循環法のイメージ

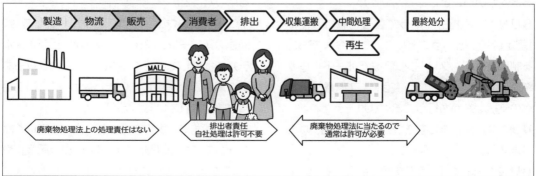

で消費者に渡される。消費者はそれを消費し、不要になった物を廃棄する。廃棄された物は再生され再び原料となり社会に戻っていくものと、焼却や埋立地で処分されるものになる。まぁ、大体こんな流れかな。

リサ：今回のプラ資源循環法は、このいろんな時点で関わってくるってことですか。

BUN：もちろん、プラスチック類に関してってことだけどね。

リサ：まだつかみきれませんが、とりあえず最初の「物」が誕生するところからお願いします。

BUN：プラスチック製品を製造するときに、やみくもに製品を作るって人はいないよね。

リサ：そりゃ、素人の陶芸教室じゃないんですから、どんな製品でも設計図くらいは書くでしょう。

BUN：そう、まずは、その設計の段階で「環境配慮」してくださいってことが決まっている。

リサ：その「環境配慮」というのは？

BUN：廃棄物処理では当然の3R。リデュース、リユース、リサイクル。まずはこれが基本かな。でも、現時点では「環境配慮」についてはこの程度までのようで、これから「環境配慮設計に関する指針」を策定し、指針に適合した製品であることを認定する仕組みを作っていくってことらしいね。

リサ：これから新たに設計する製品に関することでしょうから、それでもいいんでしょうかねぇ。ちなみに、「環境配慮」した製品を製造すると何かいいことはあるんですか？

BUN：この指針に則って製造された製品は「認定製品」ということになって、今までもある制度だけど、グリーン購入法のルートで国が率先して調達するというようにして、製造設備への支援なんかも行うことになりそうだね。

リサ：なんか、まだ雲をつかむような話ではありますね。

BUN：一言で「プラスチック製品」といって

もいろんな物があるからねぇ。いろんなプラスチック製品について、それぞれに「指針」を作るのは大変なことだと思うよ。

リサ：次はどうですか？

BUN：製造の次は物流と販売だね。これは相当具体的な施策が公表されているよ。

リサ：それはどんなことですか？

BUN：小売・サービス事業者などのワンウェイプラスチックの提供事業者が取り組むべき基準が政省令で示されているんだ。

リサ：「ワンウェイプラスチック」って？

BUN：今まで、コンビニでスパゲッティ弁当なんかを買うと、使い捨てのプラ製のフォークやスプーンなんかを付けてくれたでしょ。ああいった物だね。

リサ：その「ワンウェイプラスチック」がどうなるんですか？

BUN：コンビニでは「ただ」「無料」では提供しなくなるんだ。

リサ：えぇー、今までただで付けてもらっていたスプーンやフォークが有料になるんですかぁ。

BUN：そうだねぇ。イメージとしてはレジ袋と同じかな。数年前までは、お買い物をするとお店では、何も聞かずにレジ袋に買った商品を入れてくれた。でも、今はまず「レジ袋要りますか？」と聞くし、「要ります」というと1枚3円です、5円ですとなりましたよね。あれと同じかな。大手のコンビニ辺りでは、素材をプラスチックから紙や木製に代えるってところもあるようだけど。

この「ワンウェイプラスチック」としては、前述のスプーン、フォークのほかにビジネスホテルで提供していたくしやひげそり、クリーニング屋さんが提供していたハンガーなど12品目が規定されているんだ。

リサ：へぇー、世の中だんだん変わっていく感じがしてきたわ。「設計の段階での環境配慮」や「ワンウェイプラスチック」削減の取組の次は

どんな制度でしょうか。

BUN：はい、まずは製造者・販売者自主回収認定制度を紹介しましょう。

　この制度は製造者や販売者が自分たちの会社で製造した物や販売した「製品廃棄物」や「製品の付帯物」などを自分で回収するというときは処理業の許可は要らなくなるって制度なんだ。

リサ：自分の廃棄物なんだから、そもそも許可なんか不要じゃないですか？

BUN：物の誕生から最終処分までのイメージを図（**図表1**）で、もう一度「物の流れ」を確認してみよう。

　製品が生産者により製造され、物流を経て販売店に渡る。販売店はこれを消費者に売って消費者が製品を消費し、不要になった物が廃棄される。廃棄された物は廃棄物処理会社により処理される。さあ、この流れの中で「廃棄物の排出者」は誰かな？

リサ：それは消費者でしょ。あっ、そうかぁ。消費者が排出者なら製造者や販売者は排出者ではないってことになるのか。

BUN：そうだね。いくらもともとは自分たちが製造した製品であったとしても、一旦消費者の手に渡り、そこから廃棄物となって排出されるときは消費者が排出者だね。だから、排出者が自分でその廃棄物を処理するときは許可は要らないけど、製造者、販売者がこの廃棄物を処理するときは処理業の許可が必要となる。

　でも、21世紀に入った頃から「拡大生産者責任」という概念が出てきた。

リサ：拡大生産者責任って？

BUN：生産者は自分が生産した製品については安全に使用できるように、といった生産者責任はあるけど、販売した製品が廃棄物になってからまでの責任は、生産者は原則的にはない。

リサ：そうねぇ。廃棄物の処理責任は排出者にあるっていうのが原則よね。

BUN：でも、特に「製品廃棄物」と呼ばれるような家電製品などは、廃棄物になったときの適正な処理に関する知識や技術は、消費者すなわち排出者よりも生産者のほうが持っている。

リサ：そりゃ、生産者のほうが設計や材料の情報も持っているでしょうから、消費者や市町村よりは、はるかに適正処理が可能よね。

BUN：加えて、市町村や一般消費者が適正に処理しにくい「物」を世の中に送り出している生産者にも責任はあるんじゃないか、となった。そこで、廃棄物の処理責任は原則的には「排出者責任」なんだけど、生産者にも一定程度の責任を取ってもらおうという理屈が出てきた。

リサ：それまでの生産者の責任の範囲を超えて、廃棄物の処理にも責任の一端を担ってもらおうって考え方か。だから「拡大生産者責任」なのね。

BUN：そう、そこで、拡大生産者責任の理念に基づいて、生産者が廃棄物処理を行うときには、規制の緩和やメリットを設定する制度がいろいろと考え出された。これは今までの各種リサイクル法にも規定されているよ。

リサ：家電リサイクル法では家電販売店が廃棄物となったテレビや洗濯機なんかは収集運搬業の許可がなくても運搬していますね。

BUN：食品、自動車、容器、小型家電リサイクル法にも「拡大生産者責任」の理念に基づいた許可不要制度が規定されていましたね。

製造者・販売者自主回収認定制度

リサ：今回のプラ資源循環法の製造者・販売者自主回収認定制度もそうなんですね。

BUN：さっきのフロー図（**図表1**）に書き込んでみました（**図表2**）。

　まだ認定された会社が少ないのですが、例えば、家具製造メーカーの「池谷家具製造所」が

図表2　プラスチック資源循環法の製造者・販売者自主回収認定制度のイメージ

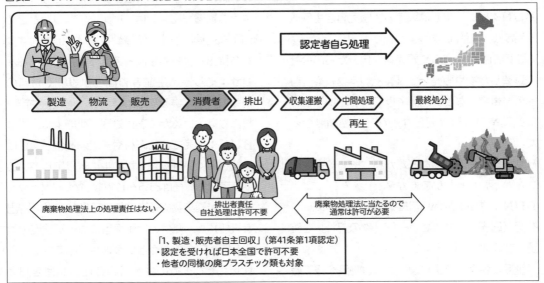

自分の会社で製造したプラスチック製の「家具」について廃棄されたときに、独自の回収ルートで集めて、自社のリサイクル工場で再生家具の材料として再活用する、なんてケースが考えられるね。

　当然、あらかじめ申請して認定を受けてからじゃないとだめだけど、認定を受けられれば一般廃棄物、産業廃棄物ともに処理業の許可が不要になるんだ。

リサ：一般廃棄物の許可も不要となると、家庭から排出されるものも対象にできるんですか。

BUN：さらに、今までの大臣広域処理認定では、自社の製品廃棄物しか対象にできなかったけど、この認定では同種のプラなら他社製造のプラも回収していいという制度みたいだね。

リサ：でも、現実には製造者が自分でリサイクルしてるってそうはないわよね。

BUN：そこで、この製造者・販売者自主回収認定制度は認定申請の内容として「委託してリサイクルします」として認定された場合は、その委託者、すなわちリサイクラーも許可不要となる制度も規定しているんだ。それが次の第41条第3項の規定（**図表3**）。

リサ：これなら現実性があるわね。

排出事業者認定制度

BUN：さらに、第50条では「排出事業者認定制度」というのもある。

リサ：あれ？　ちょっと待って。排出事業者ならそもそも許可要らないわよね。

BUN：そうだね。この制度は排出事業者が認定申請をして認定されれば、その受託者が許可不要になるって制度なんだ。ちなみに、廃プラスチック類は排出業種は限定されていないから、事業所から排出されれば全てのケースで産業廃棄物。

リサ：動植物性残さなんかは食料品製造業から出てくれば産業廃棄物だけど、飲食店から出てきたときは事業系だけど一般廃棄物っていう、例の指定業種ですね。廃プラスチック類はこの指定業種がないから、どんな業種の事業所から出てきたとしても、産業廃棄物ってことね。廃プラスチック類が一般廃棄物になるのは、家庭生活から排出されるときくらいしかないってこ

図表3　プラスチック資源循環法の製造者・販売者自主回収認定制度（委託リサイクル）のイメージ

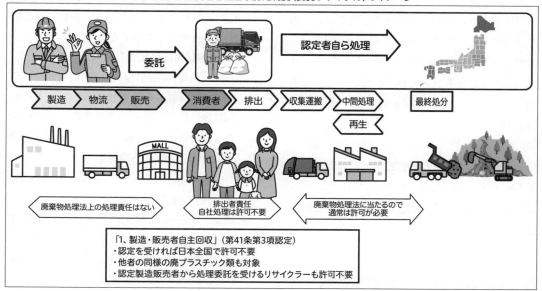

とね。

BUN：そう。だから、この排出事業者認定制度には「産業廃棄物処理業の許可不要」は規定されているけど、一般廃棄物については規定していない。

リサ：そもそも、一般廃棄物の廃プラスチック類はこの排出事業者認定制度では対象外ってことね。でも、これだと今までの大臣広域処理認定と大差ないわね（**図表4**）。

BUN：そんな意見もあったのかな。実は、排出事業者認定制度にはもう一つある。これが、第51条の認定制度で複数の排出事業者の廃プ

図表4　プラスチック資源循環法の排出事業者認定制度のイメージ

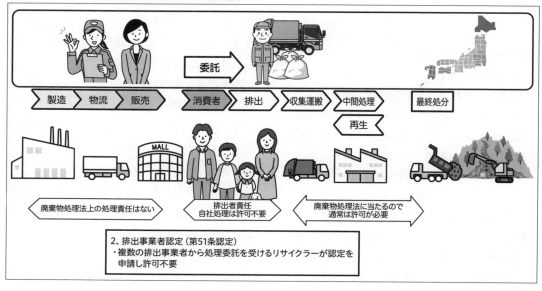

ラスチック類を対象とするときは、受け手側の
リサイクラー、すなわち処理業者側が自分で認
定申請することができるんだよ。

リサ：へぇぇ、そうなるとさっき解説してくれ
た「拡大生産者責任」の概念から、さらに一歩
踏み出すことになるわよね。

BUN：そうともいえるかもしれないね。いず
れにしても、今やプラスチック類の対策は日本
にとどまらず世界的な課題になった。新たな一
歩を踏み出した制度かもしれないね。

リサ：プラ資源循環法の許可不要制度はこれで
全部？

容器包装リサイクル変形認定制度

BUN：もう一つ、「容器包装リサイクル変形
認定」という「許可不要制度」がある。

リサ：それはどんな制度なの

BUN：「市区町村の分別収集・再商品化」とい
うんだけど、容器包装リサイクル法で既に運用
されているルートを発展的に変形して活用する
やり方なので、私は「容器包装リサイクル変形
認定」と勝手に呼んでいるんだ。条文を紹介す
るね。

プラスチック資源循環法

（再商品化の委託）

第32条　市町村は、分別収集物（環境省令で
定める基準に適合するものに限る。第36条
において同じ。）の再商品化を、容器包装再
商品化法第21条第１項に規定する指定法人
（第36条において「指定法人」という。）に
委託することができる。

（再商品化計画の認定）

第33条　市町村は、単独で又は共同して、主
務省令で定めるところにより、分別収集物
の再商品化の実施に関する計画（以下この

条及び次条第４項第１号において「再商品
化計画」という。）を作成し、主務大臣の認
定を申請することができる。

（容器包装再商品化法の特例）

第35条　認定再商品化計画に記載されたプラ
スチック容器包装廃棄物については、これ
を容器包装再商品化法第２条第６項に規定
する分別基準適合物とみなして、容器包装
再商品化法の規定を適用する。

（趣旨が変わらない程度に簡略表現にしています）

（廃棄物処理法の特例）

第36条　第32条の規定により市町村の委託
を受けて分別収集物の再商品化に必要な行
為（一般廃棄物又は産業廃棄物の運搬又は
処分に該当するものに限る。）を実施する指
定法人又は指定法人の再委託を受けて分別
収集物の再商品化に必要な行為を業として
実施する者は、廃棄物処理法第７条第１項
若しくは第６項又は第14条第１項若しくは
第６項の規定にかかわらず、これらの規定
による許可を受けないで、当該行為を業と
して実施することができる。

BUN：既に紹介したように、平成７（1995）
年から順次、容器包装リサイクル法の規定によ
り、市町村は一般家庭からペットボトル等のプ
ラスチック製廃容器を回収し、それを（公財）
日本容器包装リサイクル協会（以下「容リ協」）
に再生処理を委託している（70ページ　図表３
容器包装廃棄物のルート）。

リサ：ペットボトル以外に紙容器やガラスビン
なども容器包装リサイクル法の対象でしたね。

BUN：そうだね。プラ資源循環法では、この
処理ルートを活用し、さらに容器以外の一般廃
棄物や産業廃棄物である廃プラスチック類も対
象にしていくというものなんだ。

リサ：具体的にはどんな物が想定されるの？

BUN：一般廃棄物としては、ポリバケツとか

玩具とかも対象にできるだろうし、産業廃棄物としては事業所から排出されるペットボトルや発泡トレーなんかも対象にできるでしょうね。

リサ：へぇぇ、何でも対象にできて便利そうな制度ね。どんな手続が必要なの？

BUN：容器包装リサイクル法の規定では、取り組む市町村が、どんな容器包装廃棄物を対象にするかを決定した上で計画を策定しなければならない。さらにその計画は「分別基準」に則ったやり方でないとダメだったね（69ページ右段）。この容器包装リサイクル法の計画を、プラ資源循環法の計画では容器包装リサイクル法の分別基準に合わない方法でも認められるんだ。

リサ：なぜそんな手法を認めるようになったのかなぁ。

BUN：容器包装リサイクル法がスタートしたのが平成7年。この時点ではリサイクルの方法も限定的なものであったけど、技術の進歩でいろんなリサイクルの手法が開発されて、いろんな物が混在していても支障のない方法も開発された。また、そういう手法では、なにも容器包装に限ったものでなくとも同じリサイクルのラインで対応できる物もある。

リサ：廃プラスチックの種類や状態が同じだったら包装資材でもポリバケツや玩具でも同じことよね。それで、その市町村さえ承知の上で計画を策定し環境大臣の認可を得てやるんだったら、容器包装リサイクル法の処理ルートでもいいですよって変更したわけね。ところで、この制度では誰が許可不要になっているの？

BUN：それがさっき紹介した条文なんだけど「指定法人又は指定法人の再委託を受けて分別収集物の再商品化に必要な行為を業として実施する者」、現実的には容リ協と容リ協から委託を受けて処理を実施するリサイクラー、この人たちが一般廃棄物も産業廃棄物も処理業許可は不要という規定だね。

リサ：えぇと、ちょっと複雑なので整理確認させてくださいね。

　まず、容器包装リサイクル法では一般廃棄物である容器包装廃棄物だけを対象にしてきた。一般廃棄物は市町村はそもそも許可不要。さらに市町村から委託を受ける人物も許可不要でしたね。ここまでは容器包装リサイクル法での特別な規定は要らない。でも、容リ協から処理を委託される人物は、「市町村そのもの」でもなければ、「市町村から委託を受ける人物」でもないから、本来は許可が必要になる。それを容器包装リサイクル法で「一般廃棄物処理業許可不要」として規定していた。

BUN：そのとおり。それに加えてプラ資源循環法では、容器包装以外の一般廃棄物と産業廃棄物も追加対象にした。そのため……。

リサ：そうか。追加の廃棄物は容器包装リサイクル法の対象物じゃないから、プラ資源循環法のほうで許可不要を規定しなければならない。産業廃棄物には「市町村委託なら許可不要」という規定はないしね。そこで、「指定法人又は指定法人の再委託を受けて実施する者」、すなわち容リ協と容リ協から委託を受けるリサイクラーについて、一般廃棄物処理業も産業廃棄物処理業も許可不要と規定したわけね。

BUN：実際の「物」の流れとしては、市町村が回収した「容器包装廃棄物＋α」が直接リサイクラーに渡されるんだけど、事務手続的には一旦市町村から容リ協に処理委託された形になり、容リ協から改めてリサイクラーに処理を委託する形になる。市町村を排出者としても、容リ協は一次受託者、リサイクラーは二次受託者（再受託者）になるからねぇ（**図表5**）。

リサ：それでこんな規定が必要になっているんですね。プラ資源循環法について、ほかに話しておきたいこと、ありますか。

図表5 「市町村容器包装リサイクル法活用ルート」容器包装リサイクル法のスキーム

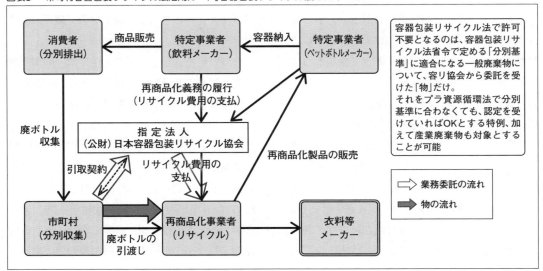

施行通知の残さ物

BUN：自動車リサイクル法のときに宿題にしていた「処理残さ物」について触れておこうかな。

リサ：「オリジン説」を逸脱する理論展開（85ページ左段）って要因ですね。

BUN：本来、原則的には「処理する前に既に一般廃棄物であった廃棄物を処理して出てくる廃棄物は一般廃棄物」というオリジン説。しかし、その原則どおりには運用しがたいって話だったね。

まずは、そのプラ資源循環法の施行通知を見ていただこうか。

プラスチックに係る資源循環の促進等に関する法律の施行について（通知）

（令和4年4月1日環循総発第2204016号環境省環境再生・資源循環局長通知）

7　市町村の分別収集及び再商品化について（法第5章）

⑾　再商品化工程で発生する他工程利用プラ

スチックその他の残渣の扱いについて

再商品化工程で発生する他工程利用プラスチックその他の残渣の扱いについては、従前、容器包装再商品化法に基づく再商品化工程おいて産業廃棄物として取り扱われてきたところ、法第32条及び第33条に基づく分別収集物の再商品化の工程において発生する残渣についても同様に、再商品化事業者又は再商品化実施者の事業活動に伴って生ずる廃棄物であると解されること。

なお、法に基づかずに市町村が独自に分別収集物の再商品化を他人に委託した場合、当該再商品化に伴う残渣は一般廃棄物として扱うこと。

リサ：施行通知では「従前、容器包装再商品化法に基づく再商品化工程おいて産業廃棄物として取り扱われてきた」って書いてあるけど、これは何年頃の通知なんですか？

BUN：それがねぇ、BUNさんは昭和の時代から廃棄物処理法を担当してきているんだけど、公式にこんなことを記載している通知は見たことがないんだ。

リサ：でも、実態としては「産業廃棄物」として取り扱われてきているんでしょ。

BUN：それはそうだと思うよ。一般廃棄物としちゃうと市町村に統括的処理責任が発生する。具体的には、例えばそのリサイクル工場が立地している市町村に処理責任があるのかって話になっちゃうからね。でも、そうであるなら、リサイクル工場からの残さは全て「再商品化工程において発生する産業廃棄物」としなくちゃ統一性がない。ところが、この通知では「法に基づかずに市町村が独自に分別収集物の再商品化を他人に委託した場合、当該再商品化に伴う残さは一般廃棄物として扱うこと」と書いてある。

リサ：「容器包装リサイクル変形認定」を受けたリサイクル工場からの残さ物だけは産業廃棄物だけど、認定を受けていないリサイクル工場からの残さ物は、原料が一般廃棄物だったら残さ物も一般廃棄物ってこと？

BUN：そう読めるよね。

リサ：困っちゃうわね。

BUN：そもそも「なぜ容器包装リサイクル法の残さは産業廃棄物なのか」自体説明がない。

また、容器包装リサイクル法活用ルート以外の製造者、排出者自主回収ルートにおける残さについては説明がなされていない。製造者・販売者自主回収認定制度においても一般廃棄物は対象になっている。この残さも産業廃棄物となるのか？　この理屈が成り立つのであれば、民間で行われている「リサイクル事業の残さ」も同様に、産業廃棄物となるのではないか。

また、「各種リサイクル法を廃棄物処理法の特別法であるから、ほかの処理ルートの残さ物とは扱いが異なる」というのであれば、その際、「全てを産業廃棄物としてよい」となるのはなぜか。

リサ：そうねぇ。不思議な理論展開よね。

BUN：BUNさん個人としては、一定条件のもと、例えばリサイクル率が6割を超えるようなリサイクル行為から発生する残さ物は認定、非認定、公営、民営を問わずに「全てを産業廃棄物としてよい」としてもいいんじゃないかと思っている。まさに、「廃棄物の処理」というより「新たな商品製造の工程において発生」したと捉えられれば、その生産行為を行っている人物を排出者と位置付け、よって、産業廃棄物という理論も成立できるんじゃないかと思うんだ。

リサ：でも、こんな重要なことをBUNさんが主張するだけじゃ、屁の突っ張りにもならないわねぇ。できれば、法制化、それが無理でも公式通知で条件整備、理論構成が求められる気がするわ。

まとめノート

※許可不要制度については**図表6参照**

▶**平成7（1995）年**　容器包装リサイクル法施行

▶**平成13（2001）年**
- 家電リサイクル法施行
- 食品リサイクル法施行、登録事業者への降ろし地の一般廃棄物処理業許可不要

▶**平成14（2002）年**　建設リサイクル法施行、廃棄物処理法許可不要の制度はなし

▶**平成17（2005）年**　自動車リサイクル法施行

▶**平成19（2007）年**　食品リサイクル法ループ認定を受ければ積み地の一般廃棄物収集運搬業許可不要

▶**平成20（2008）年**　容器包装リサイクル法合理化拠出金

▶**平成25（2013）年**　小型家電リサイクル法施行

▶**令和4年（2022）年**　プラ資源循環法施行

図表6　廃棄物収集運搬業許可について

法律名	産業廃棄物処理業の許可なしでできる人物、行為	一般廃棄物処理業の許可なしでできる人物、行為
容器包装リサイクル法	対象は一般廃棄物であり、産業廃棄物処理業許可に関する特例規定はない	・指定法人 ・指定法人委託者 ・自主回収認定者
家電リサイクル法	・家電販売店 ・指定法人 ・指定法人委託者 ・家電販売店から委託を受けた一般廃棄物許可業者	・家電販売店 ・指定法人 ・指定法人委託者 ・家電販売店から委託を受けた産業廃棄物許可業者
建設リサイクル法	廃棄物処理業許可に関する特例規定はない	廃棄物処理業許可に関する特例規定はない
食品リサイクル法	産業廃棄物処理業許可に関する特例規定はない	・登録事業者への降ろし地の一般廃棄物処理業許可不要 ・ループ認定を受ければ積み地、降ろし地ともに一般廃棄物収集運搬業許可不要
自動車リサイクル法	・引取登録業者 ・フロン類回収登録業者 ・解体許可業者 ・破砕許可業者 ・自動車製造業者 ・指定再資源化機関	・引取登録業者 ・フロン類回収登録業者 ・解体許可業者 ・自動車製造業者 ・指定再資源化機関
小型家電リサイクル法	認定事業者・認定事業者の委託業者	認定事業者・認定事業者の委託業者
プラ資源循環法	・製造・販売者認定事業者・認定事業者の委託業者 ・排出事業者再生認定事業者・認定事業者の委託業者 ・容リ法変形認定事業者・認定事業者の委託業者	製造・販売者認定事業者・認定事業者の委託業者 容リ法変形認定事業者・認定事業者の委託業者

※本文で紹介していない人物もいます。処分業許可、処理施設の設置許可については、記載していません。正確な表現でない箇所もあります。詳細は本文を参照してください。

第4章

通知運用編
下取り、実験実証

通知運用編
下取り、実験実証

通知による運用、下取り、実験実証
（タスクフォース通知、許可事務通知）

リサ：プラ資源循環法も取り上げたし、さすがにもうないでしょ？

BUN：これが最後になるんだけど、具体的な法令の根拠がないんだけど、通知により「許可不要」としている制度を紹介しよう。

リサ：えぇぇ、法律で「許可」を規定しておき

ながら、法令の根拠もなく「許可不要」としている行為があるんですか？ それは何ですか？

BUN：それは「下取り」と「実験実証」。

リサ：とりあえず、その通知を紹介してくださいな。

BUN：まず「下取り」なんだけど、これは「専ら再生4品目」のときに紹介した許可事務通知（14ページ）に登場する。

「専ら再生4品目」は15の(1)だったけど、下取りは(2)。

図表1（再掲） 現在の廃棄物処理業許可不要制度

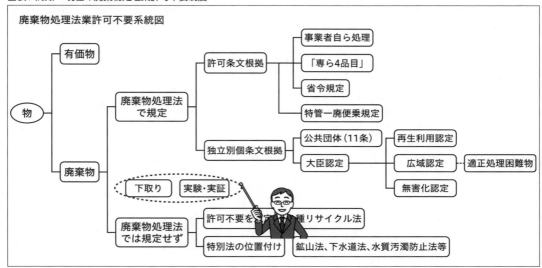

リサ：へぇぇ、でも、この通知が発出されたのは令和2（2020）年。つい最近ですよね。それまでは「下取り」という運用はなかったの？

BUN：いやいや、「専ら再生4品目」のときも話したけど、この許可事務通知というのは許可に関する規定が改正された場合などは「出し直し」される。

リサ：そうでした。「専ら再生4品目」なんかは廃棄物処理法スタートの昭和40年代からほとんど同じ内容の通知が何回も出されているんでしたね。じゃ、この「下取り」についても廃棄物処理法スタート時点から同じ運用なんですか？

BUN：それが、「下取り」についてはスタート時の施行通知には登場していなくて、BUNさんが調べた限りでは最も古い通知は次のものでした。

リサ：昭和54（1979）年ねぇ。リサはまだ影も形もない時代だけど、それでも廃棄物処理法スタートからは7〜8年経ったときですね。内容としては令和2年の許可事務通知とほぼ同じですね。許可事務通知で「産業廃棄物」と限定したのは、平成13（2001）年以降は地方分権の関係で、国は一般廃棄物については権限を有しないから言及しないってことよね。

BUN：そうだね。それは「専ら再生4品目」のときの解説で復習してね。さて、その「下取り」だけど、成立するためには五つ条件があるって分かるかな。

リサ：えぇぇと、さっきの許可事務通知を分解していくと……

①新しい製品を販売する際、②商習慣として、③同種の製品で使用済のもの、④無償で引取り、⑤収集運搬業の許可は不要である、ってことかな。

BUN：大正解。すなわち、この五つの条件がそろわなければ、それは廃棄物処理法でいう「下取り」には当たらないってことだね。じゃ、一つずつ確認していこうか。

　「①新しい製品を販売する際」は、まぁ、極端な話としては、何も製品を購入していないときに「下取り」は成立しないってことだね。ただ、この①については過去に全国自治体の会議の席で環境省は、「必ずしも販売する際」でなくともよい旨回答している。でも、「じゃ、20年前に一度販売したことがある」なんて持ち出されたのでは、何でも〇Kってなっちゃうので、ほとんどの自治体では現在でも「社会常識的な範囲で」「新しい製品を販売する際」って運用しているようだね。

リサ：そりゃそうよ。「販売したその日じゃないとダメ」も極端だし「20年前」も極端だわ。物によりけりだとは思うけど、数日、数週間以内なら「新しい製品を販売する際」っていえると思うなぁ。次は？

BUN：「②商習慣として」は、「商習慣」として世の中に認知されている範囲でってことで、これもまた「社会常識的な範囲で」ってことでしょうね。

リサ：世の中で誰もやっていないようなやり方じゃだめだよってことですね。

BUN：「③同種の製品で使用済のもの」は、新しいファンヒーターを買うときに、古いファンヒーターを下取りしてもらうってことだね。なお、テレビとか冷蔵庫となると家電リサイクル法の関係が出てくるので、ちょっとマイナーだけどファンヒーターを例にしてみました。

　実はこれは現実としては結構判断に迷うグレーゾーンがある。

リサ：ほぉ、どんな？

BUN：「同種」ってどの程度のことか？　ファンヒーターをファンヒーターに買い換えるのは分かりやすいけど、今まで石油ストーブを使っていたのをファンヒーターに買い換えるときは「下取り」になるのか？　とか、こたつをファンヒーターに買い換えるときはどうなのか？とかね。

リサ：さすがに、ファンヒーター買うから要らなくなった応接セット下取りしてくれ、は成立しないと思うけど、こたつや電気毛布っていうと広い意味ではファンヒーターと「同種」の暖房器具よね。

BUN：世の中は進歩していくから純粋な意味での「同種」の下取りってそうはないだろうから、これもまた「社会常識的な範囲で」となるんだろうね。

　次の「④無償で引取り」は、これが世の中が一番誤解しているところだね。時々テレビショッピングなどで「5,000円で下取りしますよ」なんていっているときがあるでしょ。あれはここでいう「下取り」には当たらないから注意だよ。

リサ：「5,000円で買い取ります」というのだったら、普通は物は有価物でしょうから、そもそも廃棄物には当たらず買い取っていたとしても許可は不要ってことですね。

BUN：もっとも物が有価物か廃棄物かは買い取っている、すなわち「取引価値の有無」だけで判断するんじゃなく、そのほかにも「物の性状」「排出の状況」「通常の取扱い形態」「占有者の意志」といった五つの要素を総合的に判断して決定するってことではあるんだけどね。でも、まぁ、ここでは分かりやすく裏取引なく、本当に買い取っているのであれば、それは有価物なんだから、そもそも廃棄物処理法の許可の対象外だよねってことでいいと思う。問題は逆のパターン。

リサ：下取りといいながら処理料金を徴収するってパターンですね。

BUN：「お客さん、下取りしますけど経費がかかりますよ。5,000円いただかないと下取りはできません」なんていうときは、通知の「下取り」には当たらない。処理料金を徴収するなら、ちゃんと許可取りなさい、となる。

リサ：結局、通知でいう「下取り」は「0円」ってことになるわね。最後の「⑤収集運搬業の許可は不要である」というのはどういうこと？中間処理、最終処分は「下取り」はないってことなの？

BUN：明確な通知等はないんだけど、下取り

は、「販売者」が「販売」という事業活動に伴って発生した、という概念により、下取りがなされた後は、販売者（下取りをした方、受入者）が、以降の排出者として取り扱われているのが実態なんだ。

リサ：そうなると、以降、つまり収集運搬以降の中間処理や最終処分の時点では、「排出者は販売者」となって、通常の処理ルートに乗るから、「許可不要」は収集運搬の時点だけでこと足りるってことね。

BUN：そうだねぇ。下取りは排出者責任が転嫁されちゃって、責任所在が曖昧になってしまいがち。でも、昔から慣行的に行われてきた行為のために、全て禁止するわけにもいかず、このような通知による運用になってしまっているんでしょうね。

リサ：最初の疑義応答の通知からでも既に約半世紀。今更「無許可、懲役5年」といった運用はかえって混乱を招くかもね。

BUN：ただ、最近は段々と深入りしだして、「販売者から委託を受けた人物」までも許可不要と勘違いしている人もいるから、実際に「下取り」をしようとする人は近くの行政窓口で確認してみてね。

実験実証

リサ：いよいよ、最後の最後ね。どんな「許可不要」なの？

BUN：最近では令和3（2021）年の通称「タスクフォース通知」（85ページ 脚注※3）に登場する「実験実証」時の「許可不要」。

　ちょっと長いけど、その見出しを紹介するね。

第2 「「規制改革・民間開放推進3か年計画」（平成17年3月25日閣議決定）において平成17年度中に講ずることとされた措置（廃棄物

処理法の適用関係）について」（平成18年3月31日付け環廃産第060331001号環境省大臣官房廃棄物・リサイクル対策部産業廃棄物課長通知）の「第二産業廃棄物を使用した試験研究に係る規制について」の適用について

リサ：ちょっと、ちょっと。見出しだけでこんなに長いの？　お願いだからかいつまんで解説して。

BUN：そうだね。結論からいえば、「実験実証のときは廃棄物処理しても許可は不要です」ってことだね。

リサ：それじゃ、解説にならないわ。ちょうどいい程度に解説して。

BUN：この実験実証のときに許可が不要という見解は、この令和3年のタスクフォース通知で初めて出されたものではない。

リサ：それはさっきの見出しを見れば見当は付くわ。平成18（2006）年の通知に登場しているのね。

BUN：そうなんだけど、実は実験実証のときに許可不要というのは、BUNさん調べによれば、古くは昭和56年10月30日環整第47号通知の「廃棄物処理法に関する法律の疑義について」に登場している。

（試験）

問37　排出事業者より産業廃棄物を受け取って産業廃棄物の処理に関する試験を行う者は、産業廃棄物処理業の許可が必要か。

答　試験を行う者が排出事業者から処理料金を受領せず、試験に必要な最小限の量の産業廃棄物のみを処理する場合は、許可を要しないものとして取り扱って差し支えない。なおその判断を行うに際しては，事前に試験に関する計画を提出させ，必要に応じて立入検査を行い、試験が生活環境の保全上支障を生じさせる内容のものである場合は中止させる等の措置をとる必要がある。

問73　産業廃棄物の処理に関する試験を行う
　　　ため産業廃棄物処理施設を設置する場合、
　　　法第15条第1項の届出を必要としないか。
答　お見込みのとおり。ただし、産業廃棄物
　　の処理に関する試験を行うためのものである
　　ことを確かめる必要がある。そのため事前に
　　試験に関する計画を提出させ、必要に応じ
　　て立入検査を行い、試験が生活環境の保全
　　上支障を生じさせる内容のものである場合は
　　中止させる等の措置をとる必要がある。

　ついでだから、平成18年の通知も紹介して
おくね。

「規制改革・民間開放推進三か年計画」（平成17年3月
25日閣議決定）において平成17年度中に講ずること
とされた措置（廃棄物処理法の適用関係）について

（平成18年3月31日付け環廃産第060331001号環境
省大臣官房廃棄物・リサイクル対策部産業廃棄物課長
から各都道府県・各政令市廃棄物行政主管部（局）長
あて）

**第二　産業廃棄物を使用した試験研究に係る
　　　　規制について**

　営利を目的とせず、学術研究又は処理施設
の整備若しくは処理技術の改良、考案若しく
は発明に係る試験研究を行う場合は、産業廃
棄物の処理を業として行うものではないた
め、産業廃棄物処理業又は特別管理産業廃棄
物処理業の許可を要しないものである。ま
た、当該試験研究にのみ使用する施設は、試
験研究を目的としたものであり、産業廃棄物
処理施設の設置の許可は要しないものであ
る。なお、試験研究に該当するか否かについ
ては、あらかじめ、都道府県知事が試験研究
を行う者に対して、当該試験研究の計画の提
出を求め、以下の点に該当するか否かで判断
すること。
⑴　営利を目的とせず、学術研究又は処理施
　　設の整備若しくは処理技術の改良、考案若

　　しくは発明に係るものであること。
　　　（⑵　以降はBUNさん解釈で趣旨を記載）
⑵　試験研究の期間や量は合理的なもの。
⑶　試験研究でも「処理基準を踏まえ、不適
　　正な処理を行うものではないこと」。使用
　　する施設については、生活環境保全上支障
　　のないものであること。
⑷　試験研究の必要性を判断すること。
⑸　試験研究に必要な期間、量を超える行為、
　　不適正処理の場合には、告発等の速やかな
　　対応すること。なお、試験研究と称して産
　　業廃棄物を処理しているような場合は当然
　　無許可営業等に該当するものであること。

リサ：時代を経るごとにどんどんくどくなって
きた感じがするけど、要は「実験実証」時の「許
可不要」ってことね。

BUN：（だから、さっきからそういってるじゃないか）
そうだねぇ。時代が下って、そもそも「試験、
研究」とはどのような状態か、とか、それを行
政が確認するために法令の規定はないんだけ
ど、あらかじめ届出させておきましょう、とか
追加してきているだけだね。タスクフォース通
知では、「下水汚泥でメタン発酵させるときも
試験研究なら許可要らないでしょ」ということ
を確認しただけ。

リサ：でもさぁ、どうして試験研究、実験実証
のときは許可不要って理論になるのかなぁ。

BUN：これはこの本の最初でも述べたことな
んだけど、そもそも「業」というのは反復継続、
不特定多数、営利目的の3要素が「業」の概念
のようなんだ。

リサ：特定少数の人を対象として、1回限り、
金を取らずにやるような行為は「業」には当た
らないってことね。

BUN：公衆衛生を目的とする法律はいくつか
の例外はあるんだけど、原則はそうみたい。試
験研究となれば、研究が成功すればそれで終了

するし、実験が目的なんだから処理料金は取らないだろうし、必要最小限の量で十分のはずだよね。そういう状況は「業」の許可の対象としなくてもよいだろうってことなんだろうね。

リサ：実験実証のときは処理施設設置許可も不要って書いてありますね。

BUN：設置許可は「業」とは概念は違ってくるだろうけど、実験実証なら前述のとおり必要最低限のことしかやらないだろうし、成功したら実験は終了する。それに処理施設の場合、もし、実験実証まで許可の対象にすると、構造を改良するたびに変更許可申請をしなければならなくなる。

リサ：処理施設の変更許可申請って、確か新規許可とほぼ同様に環境アセスなんかも求められたりするのよね。

BUN：そうなると施設の開発なんて不可能になる。それで「本当に試験研究、実験実証なら許可不要」とする運用は絶対必要なことなんだ。

リサ：なるほど。だから、悪人がこの制度を悪用しないように、「あらかじめ届けろ」「実験実証でなければ無許可なんだぞ」ということまで、通知で書いているんですね。

あといっておきたいことはある？

BUN：直接「許可不要制度」に関わること

じゃないけど、プラ資源循環法のときに触れた「リサイクル残さ物」の考え方が、このタスクフォース通知でも書いているので、それを紹介しておきたいな。

> 第12回再生可能エネルギー等に関する規制等の総点検タスクフォース（令和3年7月2日開催）を踏まえた廃棄物の処理及び清掃に関する法律の適用に係る解釈の明確化について（通知）
>
> （令和3年9月30日環循適発第2109301号・環循規発第2109302号環境省環境再生・資源循環局廃棄物適正処理推進課長・廃棄物規制課長通知）
>
> **第1　一般廃棄物及び産業廃棄物の混合処理について**
>
> ……なお、処理後の残さについては、処分した一般廃棄物と産業廃棄物の比率で按分し、以後それぞれの区分の残さとして取り扱っても差し支えない。

タスクフォース通知「第1　一般廃棄物及び産業廃棄物の混合処理について」は、全国の自治体によっては一般廃棄物と産業廃棄物を混合して、収集運搬したり中間処理したりすることを禁止、制限する指導をしているところがあるけど、一般廃棄物も産業廃棄物も両方許可を持っていれば、混合して扱ったって法令違反にはならないでしょ。そこんとこ、よろしくねっていうのが主たる趣旨なんだけど、その最後に紹介した「なお」の文章がある。

リサ：「処理後の残さについては、処分した一般廃棄物と産業廃棄物の比率で按分し、以後それぞれの区分の残さとして取り扱っても差し支えない」ってところね。これは例えば、リサイクルの原料として一般廃棄物を3割、産業廃棄物を7割の比率で投入したとする。リサイクル商品として有価物になった物はいいけど、残さはどうしても発生する。その残さは一般廃棄物が3割、産業廃棄物が7割の比率で按分していいよってことね。動植物性残さの飼料化なんかだとイメージしやすいかな。飲食店から出た一

般廃棄物である動植物性残さ30t、食品製造工場から出た産業廃棄物である動植物性残さ70tを原料にして飼料を製造した。90tは製品になったけど、10tはドロドロの状態で廃棄することになった。このときの10tの汚泥は3tが一般廃棄物、7tが産業廃棄物として扱っていいよってことね。もう混合している状態だから「量」を比率按分するしかないわね。これは納得できる。

BUN：でも、プラ資源循環法の施行通知では「認定を受けたリサイクル工場からの残さ物は産業廃棄物として扱ってよい」と書いてあったでしょ。

リサ：そうかぁ。1年も間を置かずに発出された通知で、一つは「全て産業廃棄物」、一つは「比率按分」としているんだね。「全体として一般廃棄物と産業廃棄物の混合物」といわれるよりは扱いやすいけど、やっぱり統一した見解、運用は欲しいところよね。

BUN：『廃棄物処理法許可不要制度』いかがだったでしょうか？　多くの皆さんは、「こんなにたくさん許可不要制度ってあるの？」って感じだったかもしれませんし、ほとんどの方はこんなこと知らなくても人生を送っていけることと思います。

　でも、自分が廃棄物の排出者、また、他者の廃棄物を扱うという立場の方は是非ご一読いただきたいと思います。なんといっても、無許可は最高刑懲役5年ですから。

　じゃ、またどこかでお会いしましょう。シーユーアゲイン！

まとめノート

▶**昭和54（1979）年**　疑義応答通知の中で「下取り」について言及

▶**昭和56（1981）年**　疑義応答通知の中で「試験」について言及

▶**平成18（2006）年**　規制改革通知の中で「実験実証」について判断基準を明示

▶**令和2（2020）年**　許可事務通知の中で「下取り」について言及。なお、これ以前の「許可事務通知」においても同じ表現で言及

▶**令和3（2021）年**　タスクフォース通知で「実験実証」について確認

著者紹介

長岡文明 元山形県職員。BUN環境課題研修事務所。環境計量士、公害防止管理者、ビル管理士等。環境省環境調査研修所基礎研修・産廃アカデミー講師、栃木県環境審議会専門委員。(一財)日本環境衛生センター専任講師。(公財)日本産業廃棄物処理振興センターテキスト執筆委員、専任講師。(一社)産業環境管理協会講習会講師。
著書：『土日で入門、廃棄物処理法』、『どうなってるの？廃棄物処理法』、『廃棄物処理法の重要通知と法令対応』、『対話で学ぶ廃棄物処理法』、『廃棄物処理法問題集』、『廃棄物処理法 いつできた？ この制度（令和版）』

廃棄物処理法 許可不要制度

令和5年12月13日　初版発行

著　者	長岡文明
発　行	株式会社オフィスTM

〒108-0023 東京都港区芝浦 4-22-1-1413
TEL/FAX 03-5443-2154
http://officetm.co.jp

発　売　TAC株式会社 出版事業部（TAC出版）

〒101-8383 東京都千代田区神田三崎町 3-2-18
TEL 03-5276-9492（営業）
https://shuppan.tac-school.co.jp/